"十三五"普通高等教育本科系列教材

电机及拖动基础实验指导书
（第二版）

主编　王伟平

编写　王必生　马　钧　唐　欣

中国电力出版社
CHINA ELECTRIC POWER PRESS

内 容 提 要

本书在总结《电机及拖动基础实验指导书第一版》教材的基础上，基于电机及电气技术实验装置（即小功率与大功率机组）和传统实验装置的二类设备的基础上而编写的，是与电机学、电机及拖动基础及增加的控制电机等三门课程配套使用的实验指导用书。全书共分为 8 章，主要内容包括电机及拖动基础实验基本要求和安全操作规程、电机及拖动基础实验中相关物理量测量、直流电机、变压器、异步电机、同步电机、电机机械特性及控制电机等实验。

每个实验尽可能做到实验目的明确、预习要点结合教材、实验项目安排合理、实验设备与仪表排列有序、实验方法详尽清晰、实验报告紧密围绕主题，便于学生独立完成实验。

本书是普通高等院校电气工程及其自动化、自动化等本科专业电机类课程的配套实验指导书，也可作为高职高专及函授实验教材和工程技术人员的参考用书。

图书在版编目（CIP）数据

电机及拖动基础实验指导书/王伟平主编．—2 版．—北京：中国电力出版社，2019.10（2023.2 重印）

"十三五"普通高等教育本科规划教材

ISBN 978 - 7 - 5198 - 0377 - 3

Ⅰ.①电…　Ⅱ.①王…　Ⅲ.①电机—实验—高等学校—教材②电力传动—实验—高等学校—教材

Ⅳ.①TM306②TM921 - 33

中国版本图书馆 CIP 数据核字（2019）第 031049 号

出版发行：中国电力出版社

地　　址：北京市东城区北京站西街 19 号（邮政编码 100005）

网　　址：http://www.cepp.sgcc.com.cn

责任编辑：雷　锦（010 - 63412530）

责任校对：黄　蓓　朱丽芳

装帧设计：赵姗姗

责任印制：钱兴根

印　　刷：三河市万龙印装有限公司

版　　次：2011 年 12 月第一版　2019 年 10 月第二版

印　　次：2023 年 2 月北京第六次印刷

开　　本：787 毫米×1092 毫米　16 开本

印　　张：9

字　　数：214 千字

定　　价：36.00 元

前　　言

电机学科历史悠久，有系统的理论和丰富的工程实践。长期以来，它在国民经济建设中起着重大的作用，随着生产的发展和科学技术水平的不断提高，它本身的内容也在不断地深化和更新。

为适应这一趋势，长沙理工大学电机实验室经过了从原型机到大、小功率电机实验装置的发展过程。三套设备相互补充，充分体现各自的教学优势，迫切需要一本实验综合教材来满足教学需要。2012 年 2 月，经过电力工程系电机教研室全体同仁的共同努力，并联合多所高校共同编撰并出版了《电机及拖动基础实验指导书》来满足电气工程和自动化两个专业的电机学和电机拖动实验教学需要。

多年来的教学实践，学生反映良好，基本满足实验教学大纲的教学要求。但也存在许多不妥和不全面之处。在总结第一版教材的基础上，按照 2016 年 9 月在上海召开的全国电气类和自动化类专业教材编写会议上《电机学》《电机及拖动基础》两门课程的教学大纲的基本要求进行修订编写。

修订版与第一版的主要不同体现在以下几方面。

（1）完善和增加了电机及拖动基础的实验教学内容。

（2）控制电机在我国的发展速度是空前的，已成为电机工业的重要分支。为适应这一趋势，增加控制电机课程的实验教学内容。

（3）以人为本，实验报告可扫描二维码下载，学生做完实验即可填写数据，绘图并上交，节省重复抄写时间，实用性强。

本书由王伟平副教授担任主编。马钧、王必生、唐欣等教师参与编写。各部分的编写分工如下：王必生副教授编写第一章、第二章和第五章；唐欣教授编写第六章和第七章；马钧副教授编写第八章及附录 A 和附录 B；王伟平编写第三章、第四章。全书由王伟平副教授统稿。

本书由湖南大学黄纯教授担任主审。

本教材的编写作为长沙理工大学的立项建设项目，得到了电气与信息工程学院领导尤其是主管教学的唐欣副院长、电力工程系全体老师尤其是周羽生教授、粟时平教授等的大力支持。听取了电机课程组全体同仁提出的带有指导性的宝贵修改意见。得到了杭州天煌科技有限公司等多个单位的大力帮助。参考了各兄弟院校、工厂提供的实验指导书、试验报告以及产品样本等资料。

湖南科技大学王哲人、长沙理工大学王宇君等同学为本书做了大量的辅助性编写和验证工作。

对上述各方面的支持和帮助，编者在此一并表示诚挚的谢意。

限于编写水平和编写时间，修订后的书仍难以尽善，不妥之处仍在所难免，恳请广大读者批评指正，以便日后修改完善。

编 者

2018 年 10 月

第 一 版 前 言

目前，我国的高等教育正在向大众化发展，学生素质和人才培养模式发生了重大变化，教材和教学内容也应该在保留精华的前提下作相应的更新。按照高等学校电气工程类规划教材的编写计划，根据电机学、电机及拖动基础两门课程的教学大纲要求，我们联合多所高校编写了这本《电机及拖动基础实验指导书》。

本书编写的指导思想：根据长沙理工大学等多所院校 30 多年电机课的实践教学经验、现代教学设施的先进教学理念以及电机生产厂家的调研情况，有针对性地选择实验项目和实验方法，进而巩固和加深学生对电机理论的理解，培养学生分析问题和解决实际问题的能力，全面提高学生的实际操作技能和创新思维能力。

本书编写尽量做到涵盖面广、实用性强，采用国家标准规定的图形、符号和术语，便于根据教学大纲和设备情况来确定实际的实验接线，以满足电气工程及其自动化、工业自动化及其他相关专业的不同层次的实验教学需要。

本书由王伟平担任主编。王必生、石赛美和李富强等参与编写。各部分的编写分工如下：王伟平编写第一章、第三章、附录 A 和附录 B 部分，王必生编写第二章和第四章，李富强、王伟平编写第五章，石赛美、王必生编写第六章。全书由王伟平统稿。

本书可以作为普通高等院校、高职高专、电大、夜大、职大、成教、自考等各电类专业开设的电机学、电机及拖动基础等课程的实验指导书，也可供研究生、工程技术人员参考。

本书在编写过程中得到了电气与信息工程学院领导、实验中心的全体老师的大力支持，得到了电力工程系电机教研室李晓松教授、王旭红教授、扶蔚鹏副教授和蒋铁铮副教授等提出的许多指导性的宝贵意见。同时，得到了杭州天煌科技有限公司等多个单位的大力帮助，还参考了各兄弟院校、工厂提供的实验指导书、试验报告以及产品样本等资料。

为了了解学生对实验指导书的要求和感受，还请朱磊、吴文骏和苏赛鹏三位同学为本书出谋划策，并做了大量的辅助编写工作。

本书由湖南大学黄纯教授担任主审。

对于上述各方面的支持和帮助，编者在此一并表示诚挚的谢意。

限于编者水平，编写时间仓促，书中难免有不妥之处，恳请广大读者批评指正，以便今后修改、提高和完善。

编　者

2011 年 10 月

目　　录

预习实验步骤，
下载实验报告
扫描获得更多资源

第一章　电机及拖动基础实验基本要求和安全操作规程

第一节　基　本　要　求

电机及拖动基础实验课的目的在于培养学生掌握基本的实验方法与操作技能，使学生学会根据实验目的、实验内容及实验设备来拟定实验线路，选择所需仪表，确定实验步骤，测取所需数据，然后进行分析研究，得出必要结论，从而完成实验报告。在整个实验过程中，学生必须严肃认真、集中精力及时做好实验。现按实验过程提出下列基本要求。

一、实验前的准备

实验前复习教科书相关章节，认真研读实验指导书，了解实验目的、内容、方法与步骤，明确实验过程应注意的问题（有些内容可到实验室对照实物预习，如熟悉组件编号、使用方法及其规定值等）。

实验前应写预习报告，经指导教师检查认为确实做好了实验前准备，方可开始做实验。

二、实验的进行

1. 建立小组、合理分工

每次实验以小组为单位进行，每组由 3～4 人组成。实验进行中的接线、调节负载、保持电压或电流、测量转速、记录数据等工作每人应有明确的分工。务求在实验过程中操作协调，数据准确可靠。

2. 记录铭牌、选择组件和仪表

实验前先熟悉该次实验所用的组件，记录电机铭牌和选择仪表量程，将组件和仪表依次排列便于测取数据。

3. 按图接线，线路力求简单明了

根据实验线路图及所选组件、仪表，按图接线。线路力求简单明了，一般按接线原则先接串联主回路，再接并联支路。为查找线路方便，每路可用相同颜色的导线。

4. 启动电机，观察仪表

在正式实验开始前，先熟悉仪表刻度，并记下倍率，然后按一定规范启动电机，观察所有仪表是否正常（如指针正、反向是否超满量程等）。如出现异常，应立即切断电源，并排除故障；如一切正常，则可正式开始实验。

5. 测取数据

预习时对实验内容与实验结果应事先做好理论分析，并预测实验结果的大致趋势，做到对电机的试验方法及所测数据心中有数。正式实验时，根据预定计划逐次测取数据。

6. 认真负责，完成实验

实验完毕，将数据交指导教师批阅。经认可后，才允许拆线并整理好实验台。

三、实验报告

实验报告应根据实验目的、实验数据及在实验中观察和发现的问题，经过分析研究或分析讨论后写出心得体会。

实验报告要简明扼要、字迹清楚、图表整洁、结论明确。实验报告应包括以下内容：

（1）实验项目名称、专业班级、姓名、学号、同组同学姓名、实验日期、室温。

（2）列出实验中所用组件的名称及编号，电机铭牌数据（P_N、U_N、I_N、n_N）等。

（3）列出实验项目并绘出实验时所用的线路图，注明仪表量程、电阻器阻值、电源端编号等。

（4）数据整理和计算，记录数据的表格上需说明试验是在什么条件下进行的。

例如，做发电机空载试验时，$n=n_N=$常数、$I_L=0$。各项数据如系计算所得，应列出计算公式。

（5）按记录及计算的数据用坐标纸画出曲线，图纸尺寸应不小于 $80mm \times 80mm$，曲线要用曲线尺或曲线板连成光滑曲线，不在曲线上的点仍按实际数据标出。

（6）根据数据和曲线进行计算和分析，说明实验结果与理论是否符合，可对某些问题提出一些自己的见解并最后写出结论。实验报告应写在一定规格的报告纸上，保持整洁。

（7）每次实验每人独立完成一份报告，按时送交指导教师批阅。

第二节　实验室安全操作规程

为按时完成电机实验，确保实验时人身安全与设备安全，要严格遵守以下安全操作规程：

（1）实验时，人体不可接触带电线路。

（2）接线或拆线都必须在切断电源的情况下进行。

（3）学生独立完成接线或改接线路后必须经指导教师检查和允许，全组学生完成安全操作准备后方可接通电源。实验中如发生事故，应立即切断电源，经查清问题和妥善处理故障后，才能继续进行实验。

（4）电机如直接启动则应先检查功率表及电流表的量程是否符合要求，是否有短路回路存在，以免损坏仪表或电源。

（5）总电源或实验台控制屏上的电源接通应由实验指导人员来控制，其他人只能由指导人员允许后方可操作，不得自行合闸。

第二章　电机及拖动基础实验中物理量测量

电机及拖动基础实验中相关物理量的测量，主要包括绝缘电阻、电机绕组直流电阻、电功率、电机转速、机械转矩和功率等最基本的测量。这些物理量基本上反映了电机及拖动基础实验的整个过程。

绝缘电阻是指绝缘材料的电阻，将被测材料置于标准电极中，在规定时间后，电极两端所加电压与两电极间总电流之比为绝缘电阻，一般用兆欧表或绝缘电阻仪来测量，其目的能有效地预防绝缘受损，关系用电安全，绝缘电阻测量应用广泛，如电机、电缆、家用电器等。

直流电阻是电机绕组的一个重要参数。与电机绕组的设计方案、所采用电磁线的材质、环境温度等诸多因素有关。在电机的检查试验和型式试验过程中，直流电阻检测都是一个必须检测的项目。规范生产的电机企业，会在电机绕组铁芯浸漆前进行直流电阻检测，这样可以避免不符合要求的产品进入后续生产环节。电机试验测量绕组的直流电阻时，一般采用直流电阻测量仪表（如电阻测试仪、直流电桥等）直接测量，有时使用伏安法。

电功率包括直流功率、交流有功功率和交流无功功率。按测量对象，电功率测量分为直流功率测量、单相功率测量、三相系统功率测量和无功功率测量。

转速是各类旋转电机运行过程中的一个重要物理量，通常用转/分（r/min）表示，交流异步动电机的转速有时也用转差率表示。如何准确测量电机的转速是很重要的。随着科学技术的发展，特别是电子技术的发展，转速的测量方法也不断得到改进，测量精度也得到不断提高。

机械转矩和功率反映热能动力机械的动力性能指标。转矩是指作用在转轴上的扭矩，功率是指单位时间内转轴对外所做的功。

第一节　绝　缘　电　阻

绝缘电阻的测量是电机绝缘的重要检验项目之一。通过绝缘电阻的测定可以检查绝缘是否受潮，或有无局部缺陷、损坏等。

绝缘电阻一般用绝缘电阻表测定。所用绝缘电阻表的规格应根据被测电机的额定电压按表 2-1 选用。

表 2-1　　　　　　　　　　　　绝缘电阻表的规格选用

电机额定电压(V)	绝缘电阻表规格(V)	电机额定电压(V)	绝缘电阻表规格(V)
500 以下	500	3000 以上	2500
500～3000	1000		

电力变压器应按种类选用不同规格的绝缘电阻表，如 10 000V 电压以下的 I、II 类变压器选用 1000V 的绝缘电阻表。

电机各相（或各种）绕组分别有出线端引出时，应分别测量各绕组对机壳（或铁芯）及各绕组之间的绝缘电阻。若各绕组已在电机内部连接起来，允许仅测量所有相连绕组对机壳的绝缘电阻。

目前常用的手摇绝缘电阻表，表内有一手摇发电机，发电机发出的电压与转速有关，因此为了维持加在被测设备上的电压一定，测量时应以兆欧表规定的转速均匀地摇动绝缘电阻表手柄，待指针稳定后方可读数。

根据国家标准规定，电机绕组的绝缘电阻在热态时，应不低于下式确定的数值。

$$R = \frac{U_N}{1000 + \frac{P_N}{100}} \qquad (2-1)$$

式中　U_N——电机绕组的额定电压，V；

　　　P_N——电机的额定功率，对直流电机和交流电机单位为 kW，对交流发电机和同步补偿机单位为 kVA。

由式（2-1）可知，500V 以下的低压电机，热态时其绝缘电阻应不低于 0.5MΩ。如果低于这个数值，应分析原因，采取相应措施，以提高绝缘电阻。否则，强行投入运行可能会造成人身或设备损坏事故。

第二节　电机绕组直流电阻

在电机实验中，有时需要测定绕组的直流电阻，用以校核设计值、计算效率或确定绕组温升等。绕组电阻的大小是随温度变化的，在测定绕组实际冷态下的直流电阻时，要同时测量环境的温度，以便将该电阻值换算至基准工作温度或所需工作温度下的数值。

测量绕组直流电阻常用以下两种方法。

一、电桥法

采用电桥测量电阻时，究竟选用单臂电桥还是双臂电桥，取决于被测绕组电阻的大小和准确度要求。绕组电阻小于 1Ω，必须采用双臂电桥而不允许采用单臂电桥。因为单臂电桥测得的数值中，包括了连接线和接线柱的接触电阻，给低电阻的测量带来较大的误差。

用电桥测量电阻时，应先将刻度盘旋到电桥大致平衡的位置，然后按下电池按钮接通电源，待电桥中的电流达到稳定后再按下检流计按钮接入检流计。测量完毕后应先断开检流计按钮再断开电源按钮，以免检流计受到冲击而损坏。

电桥法测定绕组直流电阻准确度及灵敏度高，并有直接读数的优点。

二、电压表和电流表法

用电压表和电流表法测量绕组直流电阻时应采用蓄电池或其他电压稳定的直流电源作为测量电源，并按图 2-1 所示接线。其中被测电阻 r 与可变电阻及电流表串联，为保护电压表，可将电压表串联一按钮开关 S2，然后并接在被测绕组的两端。

测量中应首先闭合电源开关 S1，当电源稳定后才按下按钮开关 S2 接通电压表，测量绕组两端电压，测量完成后先松开按钮开关 S2 使电压表先行断开，否则当断开电源时绕组所产生的自感电动势可能损坏电压表。

测量时为保证足够的灵敏度，回路电流要有一定数值，但又不要超过绕组额定电流的

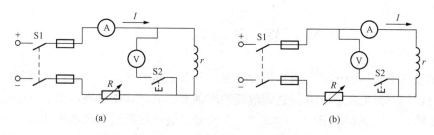

图 2-1　电流表和电压表法测定绕组的直流电阻接线图

(a) 测量小电阻；(b) 测量大电阻

20%左右，选不同电流值测量三次，取三次测量的平均值作为绕组直流电阻，而且电流表与电压表应尽快同时读数，以免因绕组发热而影响测量的准确度。

当测量小电阻时，应按图 2-1 (a) 接线，此时考虑电压表内阻 r_V 的分路电流，被测绕组的直流电阻为

$$r = \frac{U}{I - \dfrac{U}{r_V}}$$

若不考虑电压表的分路电流，则

$$r = \frac{U}{I}$$

结果计算值比绕组实际电阻偏小，若绕组电阻越小，分路电流越小，则误差越小，故此种接线适于测量小电阻。

当测量大电阻时，应按图 2-1 (b) 接线，此时考虑电流表内阻 r_A 上的电压降，被测绕组的直流电阻为

$$r = \frac{U - Ir_A}{I}$$

若不考虑电流表内阻的压降，则

$$r = \frac{U}{I}$$

结果计算值比实际电阻偏大，若绕组电阻越大，电流表内阻越小，则误差越小，故此种接线适于测量大电阻。

然后用温度计测量绕组端部、铁芯或轴伸部温度，若这些部位温度与周围空气温度相差不大于±3℃，则所测绕组电阻为实际冷态电阻，温度计所测温度就作为绕组在实际冷态下的温度。

测得的冷态直流电阻按式（2-2）换算到基准工作温度时电阻

$$R_{aref} = R_a \times \frac{235 + \theta_{ref}}{235 + \theta_a} \tag{2-2}$$

式中　R_{aref}——换算到基准工作温度时电枢绕组电阻，Ω；

　　　R_a——电枢绕组的实际冷态电阻，Ω；

　　　θ_{ref}——基准工作温度，对于 E 级绝缘为 75℃；

　　　θ_a——实际冷态时电枢绕组的温度，℃；

　　　235——铜导线测量时的常数，若用铝导线常数应改为 228。

第三节　电　功　率

电功率用功率表（俗称瓦特表）进行测量，一般采用电动式功率表，它既可以测交流电功率，也可以测直流电功率，并能达到较高的准确度。电动式功率表内部有一个电压线圈和一个电流线圈，其同名端标有"＊"或"±"符号。电压线圈通过内部串联附加电阻可改换不同的电压量程，电流线圈则可利用其串、并联改换两种电流量程。另外，功率表上还装有一个改变指针偏转方向的极性开关。

一、功率表的正确选择与读数

选择功率表时，应根据被测线路的电压高低和电流大小来选择电压量程和电流量程。若被测线路的电压（或电流）超过功率表的最大量程，应配用适当变比的互感器，使线路的电压和电流均在功率表的量程范围之内。同时还要考虑被测电路功率因数的高低，选用普通功率因数功率表（功率因数 $\cos\varphi = 1$）或低功率因数功率表（功率因数 $\cos\varphi = 0.1$ 或 0.2）。

功率表的功率常数（或倍率）为

$$C_{\mathrm{W}} = \frac{U_{\mathrm{N}} I_{\mathrm{N}} \cos\varphi}{a_{\mathrm{N}}} \tag{2-3}$$

式中　U_{N}——功率表电压量程，V；

　　　I_{N}——功率表电流量程，A；

　　　$\cos\varphi$——功率表功率因数；

　　　a_{N}——功率表满刻度格数。

例如，一块电压量程为 $150/300/600\mathrm{V}$，电流量程为 $2.5/5\mathrm{A}$，额定功率因数为 $\cos\varphi = 0.2$ 的功率表，满刻度为 150 格。若选用电压 $300\mathrm{V}$ 及电流 $5\mathrm{A}$ 量程，则功率常数为

$$C_{\mathrm{W}} = \frac{300 \times 5 \times 0.2}{150} = 2(\mathrm{W}/\text{格})$$

实际测得的功率应为指针偏转格数乘以每格瓦数。由上式可见，C_{W} 与 $\cos\varphi$ 有关，在量程 U_{N}、I_{N} 和 a_{N} 都相同的条件下，$\cos\varphi = 1$ 的功率表功率常数 C_{W} 是 $\cos\varphi = 0.2$ 的功率表的 5 倍。如果用普通功率因数功率表测量低功率因数的交流电路（例如变压器空载）的功率，即使电压和电流都达到量程，但因功率因数较低，有功功率较小，结果功率表指针偏转很小，测量误差较大。若改用 $\cos\varphi = 0.2$ 的低功率因数功率表，其指针偏转角将增大 5 倍，可以提高测量准确度。

二、功率表的接线规则

（1）功率表的电流线圈应与被测负载串联，其同名端钮接至电源侧，另一端钮接至负载侧。

（2）功率表的电压线圈应并接在负载两端，其同名端钮接至电流线圈的任一端，而另一端钮接至负载未接功率表电流线圈的另一端。

图 2-2 所示的两种接线方法都符合以上规则。按该图接线时，若极性开关指向"＋"，功率表指针也正向偏转，则功率由电源传向负载；反之，若指针反向偏转，此时为了使指针仍正向偏转，可将极性开关拨向"－"或将电流线圈的端钮对调换接，但不能把电压线圈的端钮换接。因为此时电压线圈与电流线圈之间的电位差将接近负载的电压，有使线圈间的绝

缘损坏的危险，同时线圈间的静电场作用，还会引起附加误差。

图 2-2（a）所示的连接方法为功率表电压线圈接于电流线圈之前，适用于高电压小电流负载的功率测量。功率表的读数中除负载功率外，还包括消耗在电流线圈内阻上的功率。当负载电压较高，电流较小时，此项消耗很小，可以忽略不计。

图 2-2（b）所示的连接方法为功率表电压线圈接于电流线圈之后，适用于低电压大电流负载的功率测量。功率表的读数中除负载功率外，还包括消耗在电压线圈及内部串联电阻 R_V 中的功率。当负载电压较低，电流较大时，此项消耗很小，可以忽略不计。

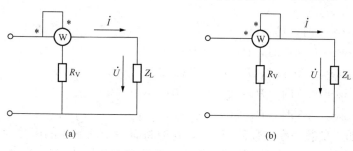

图 2-2　单相功率表的接线方法
（a）接法一；（b）接法二

三、三相有功功率的测量

三相对称电路中，只要用一块单相功率表测量任一相的功率，然后将结果乘以 3 即得三相负载的总功率。

三相不对称线路中，三相四线制和三相三线制要用不同的方法测量三相总功率。三相四线制线路可采用三块单相功率表同时或一块单相功率表分别测取各相功率，其接线规则同图 2-2，它们读数的和就是负载总功率。三线制线路一般使用两块单相功率表法测量三相功率，三相总功率等于两功率表读数的代数和。用两功率表法测量三相功率的接线方法如图 2-3 所示，其规则为：

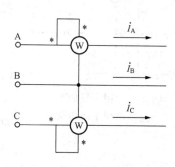

图 2-3　两功率表法测三相功率

（1）两块单相功率表的电流线圈分别串入三相线路中的任意两相，其同名端都接于电源侧，每块单相功率表中通过的均为线电流。

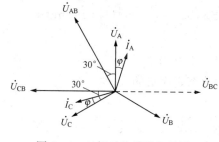

图 2-4　三相对称线路相量图

（2）每块单相功率表的电压线圈的同名端接至各自电流线圈所在线，而另一端均接在未接功率表电流线圈的线上。

若三相线路是对称的，其相量关系（见图 2-4）为

设
$$|\dot{U}_{AB}| = |\dot{U}_{CB}| = |\dot{U}| \qquad (2-4)$$
$$|\dot{I}_A| = |\dot{I}_B| = |\dot{I}|$$

则两功率表读数分别为

$$P_{I} = |\dot{U}||\dot{I}|\cos(30° + \varphi) \qquad (2-5)$$

$$P_{II} = |\dot{U}||\dot{I}|\cos(30°-\varphi)$$

三相总功率为

$$
\begin{aligned}
P &= P_I + P_{II}\\
&= |\dot{U}||\dot{I}|[\cos(30°+\varphi)+\cos(30°-\varphi)]\\
&= 2|\dot{U}||\dot{I}|\cos30°\cos\varphi\\
&= \sqrt{3}|\dot{U}||\dot{I}|\cos\varphi
\end{aligned}
$$

由以上推导可知：

当 $\varphi=0°$，$\cos\varphi=1$ 时，$P_I=P_{II}$；

当 $\varphi=30°$，$\cos\varphi=0.866$ 时，$P_I>0$，$P_{II}>0$；

当 $\varphi>30°$，$\cos\varphi<0.866$ 时，$P_I>0$，$P_{II}>0$；

当 $\varphi=60°$，$\cos\varphi=0.5$ 时，$P_I=0$，$P_{II}>0$；

当 $\varphi>60°$，$\cos\varphi<0.5$ 时，$P_I<0$，$P_{II}>0$。

由此可见，如果负载功率因数低于 0.5，这时将有一个功率表的读数为负值，功率表的指针将向相反方向偏转。为了读得数据，应该转动功率表的极性开关或互换功率表电流线圈端钮（实验中不允许带电转动功率表的极性开关，应拔出插把后调换插把的插入方向），而计算三相总功率时，应取两表读数的差。

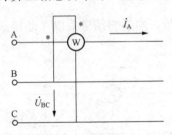

图 2-5　用一只功率表测量三相无功功率

四、三相无功功率的测量

三相对称线路中，可以利用功率表测量无功功率，方法有两种。

1. 单功率表法

接线如图 2-5 所示，由图 2-4 可知 $\dot{I}_A$ 与 $\dot{U}_{BC}$ 间的夹角为 $(90°-\varphi)$，故功率表读数为

$$P' = |\dot{U}_{BC}||\dot{I}_A|\cos(90°-\varphi) = |\dot{U}||\dot{I}|\sin\varphi$$

而三相对称线路中，三相负载的无功功率为

$$Q = \sqrt{3}|\dot{U}||\dot{I}|\sin\varphi = \sqrt{3}P'$$

因此，利用这种方法将功率表的读数乘上 $\sqrt{3}$ 就得到三相线路的无功功率。

2. 两功率表法

根据测量三相有功功率的两功率表的读数，可以计算得出相应的三相无功功率，因为

$$P_{II}-P_I = |\dot{U}||\dot{I}|\cos(30°-\varphi)-|\dot{U}||\dot{I}|\cos(30°+\varphi) = |\dot{U}||\dot{I}|\sin\varphi$$

所以三相负载的无功功率为

$$Q = \sqrt{3}|U||I|\sin\varphi = \sqrt{3}(P_{II}-P_I)$$

需要说明的是，一般三相线路的无功功率是用无功功率表测量的。

第四节　电机转速

转速是各类旋转电机运行中的一个重要物理量，转速测量仪是指测量物体转速的测量系统。如何测量电机转速是很重要的。

离心式转速表，是机械力学的成果；磁性式转速仪，是运用磁力和机械力的一个典范；电动式转速仪，巧妙运用微型发电机和微型电动机将旋转运动异地拷贝；磁电式转速仪，电流表头和传感器都是电磁学的普及运用；闪光式测速仪，人类认识自然的同时也认识了自我，体现了人类的灵性；数字式测速仪以现代电子技术为基础，设计制造的转速测量工具。它一般有传感器和显示器，有的还有信号输出和控制。感应式转速仪，区别于传统的光电式转速测量技术，感应式转速仪无需安装光电感应器，无需电机轴伸，可以应用于水泵行业等对传感器安装难度比较大的行业。智能测试仪可高准确度测量各种旋转机械的平均转速，对各种电机转速测量尤为方便。下面介绍几种常用的测量方法。

一、离心式转速表测量转速

离心式转速表是利用离心原理制成的测速仪表，使用时将转速表的端头插入电机转轴的中心孔内，当指针稳定后即能直接读出转速。其缺点是测量准确度较低且容易损坏。使用此种转速表时，要注意以下事项：

（1）选择合适的量程，应使量程的最大读数稍大于电机的最高转速。若量程选择太大，则读数刻度太小，影响读数的准确度；而量程选择太小，则读数将超出量程并容易损坏转速表。

（2）在测量过程中决不允许改变转速表的量程，以免将齿轮打坏。如需改变量程，必须将转速表取出，待停转后再行更改。

（3）转速表端头插入电机转轴中心孔前，应注意清除中心孔中的油污，转速表测转速时应保持其轴与电机转轴同心，且不可上下左右偏斜，否则不仅容易将转速表轴损坏，而且影响读数的准确性。

（4）转速表不可长时间持续工作，每次读数后应立即取下，以减小齿轮磨损与发热。

（5）转速表不适合测量小型及微型电机，因为转速表本身将会成为电机不能忽视的负载。

二、日光灯法判断同步转速和测定转差率

日光灯是一种闪光灯，当其接于 50Hz 交流电源时，灯光实际上是每秒钟闪烁 100 次，故闪烁一次所需的时间为 0.01s，而人的视觉暂留时间约为 1/16s 左右，因此用肉眼观察日光灯感觉是一直发亮的。

人们利用日光灯上述特性来判断同步转速，测量方法是在电机的轴端或联轴器上画出与电机极对数相关的标记图案，在电机轴端画出的标记图案如图 2-6 所示（在电机联轴器上画出标记的测速原理与在电机轴端画出标记的方法相同）。当电机极数 $2p=2$ 时，同步转速 $n_1=3000\text{r/min}$，画出两个黑色扇

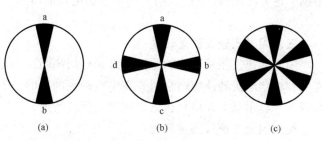

图 2-6　电机轴端的标记图案
(a) $2p=2$；(b) $2p=4$；(c) $2p=6$

形，如图 2-6（a）所示。若转子以同步转速 $n_1=3000\text{r/min}=50\text{r/s}$ 旋转，即旋转一周需 0.02s，当日光灯第一次闪亮时黑色扇形部分 a 在上面，黑色扇形部分 b 在下面，经过 0.01s 在日光灯第二次闪亮时，电机转过半圈，则黑色扇形部分 a 在下面，而黑色扇形部分 b 在上

面，此时黑色图案 a、b 虽已交换位置，然而每次日光灯闪亮时黑色扇形图案仍处于同一位置，肉眼观察到的黑色图案好像静止不动。

同理，当电机极数 $2p=4$ 时，同步转速 $n_1=1500\text{r/min}=25\text{r/s}$，即旋转一周需 0.04s。日光灯每闪烁一次，电机转过 1/4 圈，故图案上需画成四个对称的黑色扇形部分如图 2-6 (b) 所示。电机极数越多，同步转速越低，图案上黑色扇形部分也相应成对增加，图 2-6 (c) 所示为 $2p=6$ 时的图案。此种方法用于测定同步转速最合适，只要选择与电机极数相应的图案贴于轴端，用日光灯照射后，将转速调到图案不动时，即为同步转速（转差率 $s=0$）。

日光灯法还能测量较小的转差率，其原理是当电机转速 n 稍低于同步转速 n_1（如 $2p=2$），日光灯第一次闪亮时图 2-6 (a) 中黑色扇形在垂直位置，而第二次闪亮时转轴旋转不到半圈，所以前后瞬间两个黑色扇形图案逆电机旋转方向落后了 α 角度，灯光每闪亮一次黑色扇形图案就后移 α 角，因而用肉眼观察到的现象是黑色扇形图案在逆电机旋转方向缓慢转动，若用秒表测定出每分钟黑色扇形图案转过的圈数，即为电机的转差 $\Delta n=n_1-n$。若黑色扇形图案顺电机转向转动，则实际转速 n 高于同步转速 n_1。电机的转差率为

$$s=\frac{n_1-n}{n_1}\times100\%=\frac{\pm\Delta n}{n_1}\times100\%$$

上式中，若黑色扇形图案顺电机转向旋转则 Δn 取负号，若黑色扇形图案逆电机转向旋转 Δn 取正号。有时为了节省时间可减少计圈时间，如计圈时间为 t，则

$$\Delta n=\frac{N}{t}\times60$$

式中：N 为时间 t 内黑色扇形图案转过的圈数。

因为

$$n_1=\frac{60f_1}{p}$$

所以

$$s=\frac{pN}{tf_1}\times100\%$$

根据上述方法测得转差 Δn 后，即可求出电机的转速

$$n=n_1\pm\Delta n$$

三、闪光测速仪测量转速

闪光测速仪测量转速的原理和日光灯法相同。闪光测速仪发出频率可调闪烁灯光，当闪光的频率与电机转速相吻合时，在电机轴端画出的一个标记看起来就固定不动，此时从刻度盘或数码显示器上即可直接读出此时电机的转速。

使用闪光测速仪测量转速时应注意两点：其一，当电机的转速比闪光频率 f 正好大整数 K 倍时（即 $n=60Kf$），则电机转 K 圈后灯光才闪亮一次，用肉眼观察到的标记亦静止不动，但这是一种假象。使用时，闪光频率从低往高调节，并以第一次出现标记静止不动为准。其二，当闪光频率比电机的转速大整数 K 倍时，即 $f=\frac{n}{60}K$，这时电机转动一圈灯光闪亮 K 次，由于每次均照射于同一位置，故用肉眼观察到的是沿圆周出现 K 个标记，这时应将闪光频率调低，直到出现一个标记。如电机的转速过低，闪光频率调不下去，则可将出现

K 个标记的转速读数，然后除以出现的标记数 K，即得电机的实际转速。

四、测速发电机测量转速

用测速发电机测量电机转速，被测电机轴端需连有一台测速发电机。由于测速发电机的感应电动势 $E_a = C_e \Phi n$，式中 C_e 为电动势常数，故在磁通量一定时，感应电动势与转速成正比。可将测速发电机输出电压接入直流电压表，电压表刻度换算成转速单位后，即可直接读出转速；或采用模/数转换电路，将测速发电机输出的模拟电压量转换成数字量，由数码显示器直接显示转速。

五、数字测速仪测量转速

随着电子技术的不断发展，精度较高的集成电路数字测速仪早已问世，这种仪器是通过适当的传感器，将转速信号转变为电信号，并经模—数转换以测量转速。此种仪器采用的方法有测频法（测出转速信号的频率再转换成转速，工作原理如图 2-7 所示）和测周法（测出转速信号的周期再转换成转速，工作原理如图 2-8 所示）。测频法适用于被测信号频率较高的场合，测周法适用于被测信号频率较低的场合。

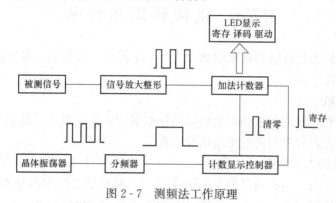

图 2-7　测频法工作原理

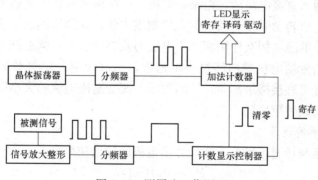

图 2-8　测周法工作原理

上述二者的差别在于晶体振荡器与被测信号的位置作了互换，像是代数上的分子分母的颠倒，也正是物理上的频率和周期互为倒数，细心的读者可以体会到学科之间的内在联系无处不在。下面以测频法为例，简要介绍它的工作原理。

频率是单位时间内信号变化的周波数，测频实质上就是在标准时间内，如实记录电信号的周波数。为了测频，光电传感器的红外线光，从被测物上的定向反射纸反射到光电转换器，转换后得到电信号，经过放大整形后输出脉冲信号，最后送入数字式转速仪内的计数器等待处理。而数字式转速仪内的石英振荡器产生 100kHz 的标准频率，经时基分频器多级分频，得到 0.1s、1s、2s、3s、6s、10s、20s、30s、60s9 个标准时间基准信号。经过时间选择开关及控制电路得到相应的控制指令，用来控制分频器、计数器、寄存器的工作，实现对光电传感器转换来的脉冲信号进行计数、寄存、清零等一系列操作，最后驱动数码管显示出测量结果。

六、智能测速仪测量转速

智能测速仪采用微机测控技术，可测量转速、转差率、升速率、电源频率及电源频率相对偏差率等，具有自动寻求平均测量次数、自动改变量程等功能。其量程宽达 0.03～65 500r/min，在 1～65 000r/min 的量程范围内，测量准确度优于 0.1%；其输入倍率可在 1～127 的范围内任意选择。该仪器配有对光极为敏感的光电传感器，其输入信号的适应性极强，且输入信号幅度在 500mV～30V 之间变化时，均无需调整。智能测速仪可高准确度地测量各种旋转机械的平均转速，对各种电机转速测量尤为方便。

第五节 机械转矩和功率

转矩是衡量旋转电机性能的重要物理量之一，下面介绍实验室中常用的两种测量电机输出转矩的设备和方法。

一、涡流测功机

涡流测功机是利用涡流产生的制动转矩测量电机的输出转矩，因其调节方便，读数稳定且具有较高的准确度，故在实验室中应用较为普遍。

1. 涡流测功机的工作原理

被测电机的转子与一实心圆形钢盘同轴相连，圆形钢盘周围均匀分布一定数量的磁极，磁极与平衡锤及指针固定在一轴上，该轴可在静止支架的轴承中转动，磁极极身上套有励磁线圈。当励磁线圈通入直流电流后，由励磁电流产生的磁通从磁极经圆形钢盘回到相邻磁极构成闭合磁路。当电机转动时带动圆形钢盘切割磁力线，在圆形钢盘中感生涡流，载有涡流的圆形钢盘与极靴中的磁场相互作用而产生电磁力及制动转矩。圆形钢盘对磁极的作用力使磁极连同平衡锤及指针顺电机转向转过一定角度，当该作用力矩与平衡锤的重力矩相平衡时，刻度盘上的指针可直接指示制动转矩的数值。改变励磁电流的大小即可改变制动转矩的大小，被测电机的负载转矩也随之改变。

2. 电机输出功率的计算

根据测得的转矩与转速，可按下式计算出电机的输出功率。

$$P_2 = 0.105 T_2 n \qquad (2 - 6)$$

式中　P_2——电机的输出功率，W；

　　　T_2——电机的输出转矩，Nm；

　　　n——电机的转速，r/min。

3. 涡流测功机的使用注意事项

由于涡流测功机圆形钢盘上的涡流损耗全部转变换为热能，故圆盘将严重发热，实验时绝对不能触碰圆盘，以免烫伤。圆形钢盘中绝大部分热量散发于周围空气之中，而一部分热量将传导到电机轴上，有可能导致电机轴承温度过高。因此一般在圆盘上装有风叶，或用外部风扇进行通风散热。

二、直流测功机

1. 直流测功机的结构

直流测功机实质上是一台直流发电机，唯一与普通旋转电机不同的是在直流测功机的机壳两侧各配有支架和轴承，使机壳可以转动，另外机壳底部的重锤与机壳上部的标尺组成了转矩测量系统。

2. 直流测功机的工作原理

直流测功机的机壳安装在支架上可以正反向旋转，当被测电机转子旋转时，通过弹性联轴器拖动测功机转子旋转，电机内部电磁力相互作用使外壳发生偏转，由于外壳底部装有校正过的重锤，重锤产生的阻尼力矩与电磁转矩相平衡后，刻度尺即指示出转矩的读数。根据测得的转矩与转速，可按下式计算出被测电机的输出功率。

$$P_2 = 0.105 T_2 n \qquad\qquad (2 - 7)$$

式中　P_2——电机的输出功率，W；

T_2——电机的输出转矩，Nm；

n——电机的转速，r/min。

3. 直流测功机的使用方法

直流测功机的接线同普通直流发电机的接线相同，其励磁绕组通入励磁电流，电枢绕组接一定的电负荷，当改变励磁电流或负荷大小，即可改变负载转矩的大小。

4. 直流测功机的使用注意事项

使用直流测功机前，务必首先接通冷却风扇电源，当确认风扇排风正常后，测功机才能带载运行，严禁测功机在无冷却环境下工作。

第三章 直流电机

实验 1 直流电机的认识

一 实验目的

（1）熟悉电机实验教学台。
（2）进行电机实验的安全教育并明确实验的基本要求。
（3）认识电机实验中所用的电机、仪器、仪表、变阻器等组件并了解其使用方法。
（4）掌握直流电动机和发电机的接线与操作方法。

二 预习要点

（1）直流电动机启动时，为什么要用启动电阻？启动时，励磁回路串接的磁场变阻器应调至什么位置？为什么？运行中励磁回路断开会产生什么后果？
（2）直流电动机的调速及改变转向的方法各有哪几种？
（3）各种电气仪表应如何选择量程？
（4）发电机的工作原理。

三 实验项目

（1）了解实验装置电源分布，各实验设备、实验仪器的使用方法。
（2）用伏安法测电枢绕组的冷态电阻值。
（3）掌握直流电动机的启动、调速、停机及转向改变的特点。
（4）发电机的认识。

四 实验仪器与设备

方法一　DDSZ-1 实验台、DD03-3、DJ23、DJ15
　　　　屏上挂件排列顺序：D31、D42、D51、D31、D44
方法二　直流电机组、电气仪表、可调电阻、转速表
方法三　THHDZ-3 实验台、三相同步电机＋直流电动机、转速表、可调电阻

五 实验方法

（一）方法一

1. 实验准备

实验指导人员介绍 DDSZ-1 型电机及电气技术实验装置各面板布置及使用方法，讲解电机实验的基本要求、安全操作和注意事项。

2. 直流仪表、转速表和变阻器的选择

直流仪表、转速表量程根据电机的额定值和实验中可能达到的最大值选择，变阻器根据实验要求选用，按电流的大小选择串联、并联或串并联的接法。

3. 用伏安法测电枢直流电阻

（1）测电枢绕组冷态电阻接线如图 3-1 所示，电阻 R 选用 D44 上 1980Ω 阻值并调至最大；直流电压表、电流表选 D31，量程分别为 20V 和 2A；M 为直流电机电枢。

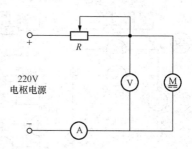

（2）接通电枢电源，调至 220V。调节 R 使电枢电流达到 0.2A（电流不能太大，可能由于剩磁的作用使电机旋转，测量无法进行；电流也不能太小，可能由于接触电阻产生较大的误差），迅速测取电机电枢两端

图 3-1 测电枢绕组冷态电阻接线图

电压 U 和电流 I。将电机转子分别旋转 1/3 和 2/3 周，同样测取 U、I 三组数据列于表 3-1 中，并记录此时的环境温度 θ_a。

表 3-1   测量电枢绕组冷态电阻实验数据   室温 θ_a_____ ℃

序号	1			2			3		
U（V）									
I（A）									
R（Ω）	$R_{a11}=$	$R_{a12}=$	$R_{a13}=$	$R_{a21}=$	$R_{a22}=$	$R_{a23}=$	$R_{a31}=$	$R_{a32}=$	$R_{a33}=$
	$R_{a1}=$			$R_{a2}=$			$R_{a3}=$		
R_a（Ω）									

（3）增大 R 使电流分别达到 0.15A 和 0.1A，用同样方法测取六组数据记于表 3-1 中。取三次测量的平均值作为实际冷态电阻值 R_a，即

$$R_a = \frac{1}{3}(R_{a1} + R_{a2} + R_{a3})$$

由实验直接测得电枢绕组电阻，此值为实际冷态电阻。冷态温度为室温。按下式换算到基准工作温度时的电枢绕组电阻。

$$R_{aref} = R_a \times \frac{235 + \theta_{ref}}{235 + \theta_a}$$

式中 R_{aref}——换算到基准工作温度时电枢绕组电阻，Ω。

        R_a——电枢绕组的实际冷态电阻，Ω。

        θ_{ref}——基准工作温度，对于 E 级绝缘为 75 ℃。

        θ_a——实际冷态时电枢绕组的温度，℃。

4. 直流他励电动机的启动

直流他励电动机接线如图 3-2 所示。直流电动机 M 选用 DJ15；校正过的直流测功机 MG 选用 DJ23；直流电压表、安培表和毫安表选用（D31）；M 磁场调节电阻 R_{fM} 选用 D44（1800Ω）；MG 磁场调节电阻 R_{fG} 选用 D42（1800Ω）；M 启动电阻 R_{st} 选用 D44（180Ω）；MG 负载电阻 R_L 选用 D42（2250Ω）。S 选用 D51 处于断开位置。

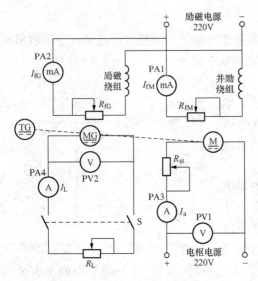

图 3-2　直流他励电动机接线图

（1）接好线后，检查 M、MG 及 TG 之间是否用联轴器直接连接好。电表的极性、量程选择是否正确，电动机励磁回路接线是否牢固。

（2）将电动机电枢串联启动电阻 R_{st}、测功机 MG 的负载电阻 R_L、MG 的磁场调节电阻 R_{fG} 调至最大，M 的磁场调节电阻 R_{fM} 调至最小，电枢电源旋钮逆时针转到底。

（3）按下"启动"按钮，接通励磁电源开关，观察 M 及 MG 的励磁电流值，调节 R_{fG} 使 I_{fG} 等于校正值（100mA）并保持不变，再开启电枢电源调至 220V，启动电动机，其旋转方向应符合规定。逐步切除 R_{st}，启动完毕。

注意：当需要重新启动电动机时，一定要先将 R_{fM} 调回最小，R_{st} 调回最大。

（4）合上校正直流测功机 MG 的负载开关 S，调节 R_L 的阻值，使 MG 的负载电流 I_L 改变，即直流电动机 M 的输出转矩 T_2 改变（调不同的 I_L 值，查对应于 $I_{fG}=100$mA 时校正曲线 $T_2=f(I_L)$，可得到直流电动机 M 不同的输出转矩 T_2 值）。

5. 直流他励电动机的调速

（1）改变励磁回路的磁场调节电阻 R_{fM} 调速。按图 3-2 接线，启动直流电动机，并逐步切除 R_{st}。调节直流测功机励磁回路电阻 R_{fG}，给发电机建立电压，确定负载 R_L 的大小后，合上开关 S。调节 R_{fM}，改变电动机的励磁电流进行调速，应注意电动机的电枢电流不超过额定值，从可能的最低转速（$R_{fM}=0$ 时）起，测取电动机的转速和相应的励磁电流数值 5～7 组，记入表 3-2 中。

表 3-2　　　　　　　　　　　　改变励磁回路电阻调速实验数据

序　号	1	2	3	4	5	6	7
n(r/min)							
I_{fM}(mA)							

（2）改变电枢回路的启动电阻 R_{st} 调速。按上述步骤启动电动机并带上负载。逐渐增加 R_{st}，使电动机转速下降，测取电动机的转速和相应的电枢电压数值 5～7 组，记入表 3-3 中。

表 3-3　　　　　　　　　　　　改变电枢回路电阻调速实验数据

序　号	1	2	3	4	5	6	7
n(r/min)							
U_1(V)							

6. 直流电动机的停机及转向改变

将 R_{st} 调回最大，R_{fM} 调回最小。先切断电枢电源开关，并将电枢电源旋钮逆时针转到底，再切断励磁电源，使他励电动机断电停机。将电枢（或励磁）绕组两端接线对调，再按上述步骤启动电动机，观察电动机的转向及转速表的显示。

7. 直流他励发电机的认识

（1）仍按图 3-2 接线，将发电机励磁回路电阻 R_{fG} 调至阻值为最大，发电机的负载电阻 R_L 调至最大。

（2）按前述方法将他励电动机启动后，将电动机转速调至发电机的额定转速并保持不变，单方向调节发电机励磁回路电阻 R_{fG}，使发电机励磁电流逐渐增加。观察发电机空载电压的变化情况。

（3）将空载电压调至发电机的额定电压，再合上发电机的负载开关 S，调节负载电阻 R_L，观察发电机输出电流的变化情况。

（二）方法二

1. 实验准备

由实验教师讲解本实验室的电源布置，配电屏及取用电源的方法，实验台上安装的电气设备，直流电动机启动用的电阻器结构及使用方法以及安全注意事项。

2. 用伏安法测电枢绕组的冷态电阻

（1）按图 3-3 接线，电阻 R 处于最大值位置，注意选择好仪表及其量程。

（2）用温度计测量冷却介质的温度 θ_a。

（3）本实验所用电源是稳压直流电源，合上电源开关，调节电阻 R 值，应注意被测绕组中的电流数值应不大于绕组额定电流的 10%（如果电流过大，由于剩磁作用可能使电机旋转，无法测量。如果电流过小，可能由于接触电阻产生较大的误差）。仪表读数应尽快同时读出，以免绕组发热而影响测量的准确性。

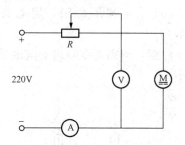

图 3-3　测电枢绕组冷态电阻接线图

（4）测量电枢电阻 R_a 时，为避免绕组不对称的影响，应将电枢转到三个不同位置，测相邻两极电刷下对应换向片间的电压，每个位置测量一次，将结果记入表 3-4 中，取三次所测电阻的算术平均值作为电枢电阻的实际值，并折合到基准工作温度。

表 3-4　　　　　　　　　　测量电枢绕组冷态电阻实验数据　　　　　　室温 θ_a_____℃

序号	1	2	3
U（V）			
I（A）			
R_a（Ω）			
R_a（Ω）（平均值）			

3. 仪表、负载灯箱与调节电阻的选择

根据被试电机铭牌数据和实验中可能达到的最大测量值范围来选择仪表及调节电阻。

（1）选择电压表和电流表，按实验中可能达到的最高电压及电流值来选择其量程。

（2）选择电阻，按通过它的最大电流值所需要的电阻值来选择，电阻器额定数据为＿＿＿
Ω、＿＿＿ A。

例如，被试电机的铭牌数据为

直流电动机　3kW　　220V　1500r/min　17A　　　（并励）

直流发电机　2.5kW　230V　1450r/min　10.9A　（并励）

则直流电动机的电压表量程应选＿＿＿ V；电枢电流表＿＿＿ A；励磁电流表选＿＿＿A；
调节电阻 R_{st} 选＿＿＿Ω、＿＿＿A；励磁电阻 R_{fM} 选＿＿＿Ω、＿＿＿ A；直流发电机的电压表量
程应选＿＿＿ V；电枢电流表选＿＿＿ A；励磁电流表选＿＿＿ A；励磁电阻 R_{fG} 选＿＿＿Ω、＿＿＿ A。

4. 并励直流电动机的启动、调速与转向改变

（1）直流并励电动机的接线如图 3-4 中左侧所示，右侧发电机线路供参考。接线时应
注意防止发生下列错误。

1）励磁回路错接或不通。如在此情况下启动，将发生转速过高或电枢电流过大的现象。

2）将励磁回路与启动电阻串联，启动时电枢电流太小。

（2）将励磁回路的电阻 R_{fM} 调至最小值，启动电阻 R_{st} 调至最大值。以限制启动电流和
转速，使它们不至于过高。同时因 I_{fM} 大，产生的磁场大，从而获得较大的启动转矩，电机
可迅速启动。

（3）合电源开关 S1，启动直流电动机，逐步减小启动电阻 R_{st}，最后到零值，启动
完毕。

注意：当需要重新启动电动机时，在合上 S1 之前，要先将电阻 R_{st} 调回最大，R_{fM} 调回
最小。

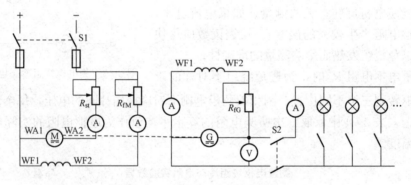

图 3-4　直流并励电动机接线图

（4）逐步调节电动机的励磁电阻 R_{fM}，改变电动机的励磁电流进行调速，应注意电动机
的电枢电流不超过额定值，从可能的最低转速（$R_{fM}=0$ 时）起到不超过额定值的 1.2 倍，
测取电动机的转速和相对应的励磁电流值 5～7 组，记入表 3-5 中。

表 3-5　　　　　　　　　　改变励磁回路电阻调速实验数据

序　　　号	1	2	3	4	5	6	7
n(r/min)							
I_{fM}(A)							

（5）逐渐增加电动机的电阻 R_{st}，使电动机转速下降，测取电动机的转速和相对应的电枢电压值 5～7 组，记入表 3-6 中。

表 3-6　　　　　　　　　　改变电枢回路电阻调速实验数据

序　号	1	2	3	4	5	6	7
$n(\text{r/min})$							
$U(\text{V})$							

（6）断开开关 S1，按照启动的步骤调节好各电阻，分别将电动机的电枢绕组或励磁绕组的极性调换，然后合上开关 S1，观察电动机转向的变化。

5. 直流他励发电机的认识实验

（1）仍按图 3-4 接线，将发电机励磁回路电阻 R_{fG} 调至阻值为最大，发电机的灯箱负载的开关处于断开位置。

（2）按前述方法将他励电动机启动后，将电动机转速调至发电机的额定转速并保持不变，调节发电机励磁回路电阻 R_{fG}，使发电机励磁电流逐渐增加。观察发电机空载电压的变化情况。

（3）将空载电压调至发电机的额定电压，再逐渐合上发电机的灯箱负载开关，观察发电机的输出电流的变化情况。

（三）方法三

1. 实验准备

由实验指导人员介绍 THHDZ-3 型大功率电机及综合实验装置各功能模块的布局及使用方法，讲解电机实验的基本要求，安全操作和注意事项。

2. 用伏安法测电枢的直流电阻

参考前述测量方法。

3. 直流他励电动机的启动

（1）按图 3-5 接线。图中直流他励电动机 M 用 Z2-32 直流电动机。三相同步电机 GS 用 STC-2 作为发电机（Y）接法辅助测功使用，TG 为测速发电机。

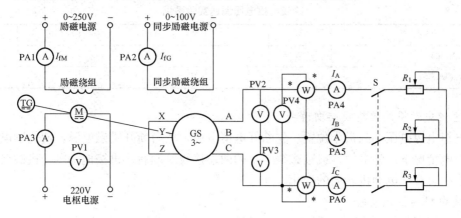

图 3-5　直流他励电动机接线图

（2）电气仪表的选择。

例如，被试电机的铭牌数据为

直流电动机　2.2kW　220V　1500r/min　12.35A　0.53A（并励）

同步电机　　2kW　　400V　1500r/min　3.5A　　2A

电气仪表根据电机的额定值和实验中可能达到的最大值来选择。直流电动机两端选500V量程挡的直流电压表，测量电枢电流的电表可选用直流电流表的20A量程挡；额定励磁电流小于1A，选用直流电流表的5A量程挡。同步电机两端选500V量程挡的交流电压表，测量电枢电流的电表可选用交流电流表的15A量程挡，励磁电流选用直流电流表的5A量程挡。

（3）直流他励电动机的接线如图3-5所示，右侧发电机线路供参考。将电枢电源和励磁电源的调压旋钮逆时针旋到底，同步发电机的负载电阻 R_1、R_2、R_3 调到最大位置，开关S断开，做好启动准备。

（4）合上电源总开关，按下启动按钮，顺时针缓慢调节励磁电源的电压，使 I_{fM} 接近额定值（0.53A）保证有磁场。再顺时针缓慢调节电枢电源的调压旋钮，使直流他励电动机M启动。

（5）直流他励电动机M启动后其实际运转方向应与规定方向一致。调节电枢电源调压旋钮，使电动机电枢端电压为220V，启动完毕。

4. 直流他励电动机的调速

（1）逐渐减小直流电动机的励磁电流 I_{fM}（不能为0），测取 I_{fM} 和相对应的电动机转速数据5～7组记入表3-7中。

表3-7　　　　　　　　　改变励磁电流调速实验数据　　　　　$U_a=U_N=$＿＿＿＿＿

序　号	1	2	3	4	5	6	7
n(r/min)							
I_{fM}(A)							

（2）逐渐减小直流电动机的电枢电压 U_1，测取 U_1 和相对应电动机转速数据5～7组，记入表3-8中。

表3-8　　　　　　　　　改变电枢电压调速实验数据　　　　　$I_{fm}=I_{fMN}=$＿＿＿＿＿

序　号	1	2	3	4	5	6	7
n(r/min)							
U_1(V)							

5. 直流电动机的停机及转向改变

将电枢电源电压调到最小位置，先断开电枢电源，然后断开励磁电源，使他励电动机停机。在断电情况下，将电枢（或励磁绕组）的两端接线对调后，再按他励电动机的启动步骤启动电动机，观察电动机转向的变化。

6. 发电机的认识实验

（1）仍按图3-5接线，将同步发电机励磁电源归零，同步调节发电机的负载电阻 R_1、R_2、R_3 处于最大值的位置。

（2）按前述方法将他励电动机启动后，将电动机转速调至发电机的额定转速并保持不变，调节发电机励磁电源，使发电机励磁电流逐渐增加。观察发电机空载电压的变化情况。

（3）将电压调至发电机的额定电压，再合上发电机的负载开关 S，同步调节三相负载电阻 R_1、R_2、R_3，观察发电机的三相输出电流的变化情况。

 本实验报告请扫描封面或目录中的二维码下载使用。

实验 2　直流发电机的运行特性

一　实验目的

（1）掌握用实验方法测定直流发电机的运行特性。
（2）通过实验观察并励发电机的自励过程和自励条件。

二　预习要点

（1）直流发电机的运行特性有哪些？各有何特点？
（2）测取空载特性曲线时，励磁电流为什么必须保持单方向调节？
（3）直流并励发电机的自励条件有哪些？不能自励时应如何处理？
（4）了解发电机转速不变，负载增加时，要保持端电压不变，必须增加励磁电流的原因。
（5）发电机与电动机组合，负载增加时，转速会降低。实验方法三均忽略了该特性，如要保持，怎样调节？

三　实验项目

1. 直流他励发电机实验
（1）空载特性：保持 $n=n_N$、$I_L=0$，测取 $U_0=f(I_{fG})$。
（2）外特性：保持 $n=n_N$、$I_{fG}=I_{fGN}$，测取 $U=f(I_L)$。
（3）调节特性：保持 $n=n_N$、$U=U_N$，测取 $I_{fG}=f(I_L)$。

2. 直流并励发电机实验
（1）观察自励过程。
（2）外特性：保持 $n=n_N$、$R_{fG}=$ 常数，测取 $U=f(I_L)$。

3. 直流复励发电机实验
积复励发电机外特性：保持 $n=n_N$、$R_{fG}=$ 常数 ，测取 $U=f(I_L)$。

四　实验仪器与设备

方法一　DDSZ-1 实验台、DD03-3、DJ23、DJ13
　　　　屏上挂件排列顺序：D31、D44、D31、D42、D51
方法二　直流电动机与直流发电机组、电气仪表、变阻器、转速表、可调电阻
方法三　THHDZ-3 实验台、三相鼠笼异步电动机＋直流发电机、转速表、可调电阻

五 实验方法

（一）方法一

1. 直流他励发电机

直流他励发电机按图 3-6 接线。图中直流发电机 G 选用 DJ13，校正直流测功机 MG 选用 DJ23（按他励接线）。开关 S 选用 D51 组件；MG 磁场调节电阻 R_{fM} 选用 D44（1800Ω）；G 磁场调节电阻 R_{fG} 选用 D42（900Ω），采用分压器接法；MG 启动电阻 R_{st} 选用 D44（180Ω）；G 负载电阻 R_L 选用 D42（2250Ω），采用串并联接法。当负载电流大于 0.4A 时用并联部分，而将串联部分阻值调到最小并用导线短接。直流电压表、直流毫安表、直流电流表选用 D31 挂件，并选择合适的量程。

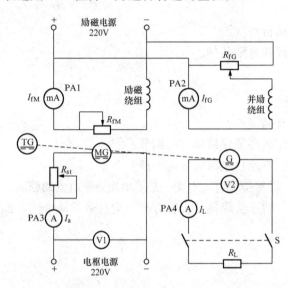

图 3-6　直流他励发电机接线图

（1）空载特性实验。

1）将 R_{st} 调到最大、R_{fM} 调到最小；S 断开，发电机处于空载状态。接通励磁电源，调节 R_{fG} 使发电机 G 的励磁电流 I_{fG} 处于最小、MG 的励磁电流处于最大。接通电枢电源，启动直流电动机，其旋转方向应符合正向旋转的要求。

2）启动正常运转后，逐步切除电阻 R_{st}，将电枢电源调为 220V。调节 R_{fM}，使发电机转速达额定值，并在以后整个实验过程中保持不变。

3）单方向调节 R_{fG}，使发电机励磁电流逐次增大，直到发电机空载电压达 $U_0 = 1.2U_N$ 左右。从 $U_0 = 1.2U_N$ 开始，单方向调节 R_{fG} 使发电机励磁电流逐次减小，直至 $I_{fG} = 0$（此时测得的电压即为电机的剩磁电压）。读取发电机的空载电压 U_0 和相应的励磁电流 I_{fG} 值 7~9 组，记录于表 3-9 中。注意：测数据时 $U_0 = U_N$ 和 $I_{fG} = 0$ 两点必测，在 $U_0 = U_N$ 附近测点应较密。

表 3-9　　　　　　　　　他励发电机空载实验数据　　　　　　（$n = n_N = $____ r/min，$I_L = 0$）

序　　号	1	2	3	4	5	6	7	8
U_0(V)								
I_{fG}(mA)								

（2）外特性实验。

1）空载实验后，把发电机负载 R_L 调到最大值，合上开关 S。

2）同时调节 R_{fM}、R_{fG} 和 R_L 使发电机的 $I_L = I_N$，$U = U_N$，$n = n_N$，注意三者应同时满足，该点为发电机的额定运行点，其励磁电流称为额定励磁电流 I_{fGN}。

3）在保持 $n = n_N$ 和 $I_{fG} = I_{fGN}$ 不变的条件下，调节 R_L，逐次减小发电机负载电流 I_L，从额定负载到空载运行点范围内，测取发电机电压 U 和相应负载电流 I_L 数据 6~7 组，记录于

表 3-10 中。

表 3-10　　　　　　　　　　　他励发电机外特性实验数据

$$(n=n_\mathrm{N}=\underline{\qquad}\ \mathrm{r/min},\ I_\mathrm{fG}=I_\mathrm{fGN}=\underline{\qquad}\ \mathrm{mA})$$

序　　号	1	2	3	4	5	6	7
$U(\mathrm{V})$							
$I_\mathrm{L}(\mathrm{A})$							

（3）调节特性实验。

1）启动直流电动机并保持发电机转速 $n=n_\mathrm{N}$，调节发电机励磁回路电阻 R_fG，使发电机输出电压达额定值 U_N。将发电机负载电阻 R_L 调至最大值，然后闭合负载开关 S。

2）在保持直流发电机 $n=n_\mathrm{N}$ 和 $U=U_\mathrm{N}$ 同时不变的条件下，逐步增加发电机的输出电流 I_L。当负载电流增加时，为保持发电机输出电压 U_N 不变，要相应调节发电机励磁电流 I_fG。从发电机的空载至额定负载范围内，测取发电机的输出电流 I_L 和相应励磁电流 I_fG 数据 6～7 组，记录于表 3-11 中。

表 3-11　　　　　　　　　　　他励发电机调节特性实验数据

$$(n=n_\mathrm{N}=\underline{\qquad}\ \mathrm{r/min},\ U=U_\mathrm{N}=\underline{\qquad}\ \mathrm{V})$$

序　　号	1	2	3	4	5	6	7
$I_\mathrm{L}(\mathrm{A})$							
$I_\mathrm{fG}(\mathrm{mA})$							

2. 直流并励发电机

（1）观察自励过程。

1）直流并励发电机按图 3-7 接线。将 R_st 调回最大、R_fM 调到最小。发电机 G 励磁方式从他励改为自励，R_fG 选用 D42 的 900Ω 电阻两只相串联并调至最大值，开关 S 断开。

2）先接通励磁电源，然后接通电枢电源，使电动机启动。调节电动机的转速，使发电机的转速 $n=n_\mathrm{N}$，用直流电压表测量发电机是否有剩磁电压。若无剩磁电压，可将并励绕组改接成他励方式进行充磁。

3）合上开关 S，逐渐减小 R_fG，观察发电机电枢两端的电压。若电压逐渐上升，说明满足自励条件。如果不能自励建立电压，将励磁回路的两个插头对调即可。

（2）外特性实验。

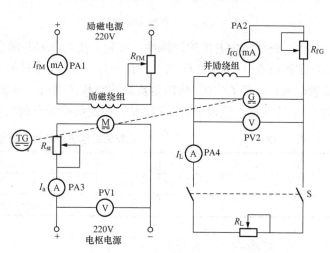

图 3-7　直流并励发电机接线图

1）按图 3-7 接线。调节负载电阻 R_L 到最大，合上负载开关 S。

2）调节电动机的磁场调节电阻 R_fM、发电机的磁场调节电阻 R_fG 和负载电阻 R_L，使发电机的转速、输出电压和电流三者均达额定值，即 $n=n_N$，$U=U_N$，$I_L=I_N$。记录此时的励磁电流 I_{fG} 值，即为额定励磁电流 I_{fGN}。

3）保持额定值时的 R_{fG} 阻值及 $n=n_N$ 不变，逐次减小负载，直至 $I_L=0$，从额定负载到空载运行范围内每次测取发电机的电压 U 和电流 I_L。取 6～7 组数据，记录于表 3 - 12 中。

表 3 - 12　　　　　　　　　　　并励发电机外特性实验数据　　　　　（$n=n_N=$___ r/min，$R_{fG}=$常值）

序　　号	1	2	3	4	5	6	7
$U(V)$							
$I_L(A)$							

3. 复励发电机实验

(1) 积复励和差复励的判别。

1）直流复励发电机接线如图 3 - 8 所示。串励绕组 WC1、WC2 串联在电枢回路中，R_{fG} 选用 D42 （1800Ω），其余选择不变。

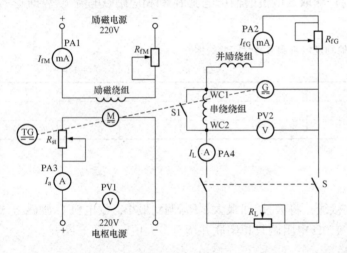

图 3 - 8　直流复励发电机接线图

2）先合上开关 S1，将串励绕组短接，使发电机处于并励状态运行，按上述并励发电机外特性实验方法，调节发电机输出电流 $I_L=0.5I_N$。

3）拉开短路开关 S1，在保持发电机 n、R_{fG} 和 R_L 不变的条件下，观察发电机端电压的变化。若此时电压升高即为积复励，若电压降低则为差复励。如果想把积复励改为差复励，对调串励绕组 WC1、WC2 接线插头即可。

(2) 积复励发电机的外特性。实验方法与测取并励发电机的外特性相同。先将发电机调到额定运行点（$n=n_N$，$U=U_N$，$I_L=I_N$），保持此时的 R_{fG} 和 $n=n_N$ 不变，逐次减小发电机负载电流，直至 $I_L=0$。从额定负载到空载范围内，每次测取发电机的电压 U 和电流 I_L，共取 6～7 组数据，记录于表 3 - 13 中。额定负荷和空载两点必测。

表 3 - 13　　　　　　　　　　　积复励发电机外特性实验数据　　　　　（$n=n_N=$___ r/min　$R_{fG}=$常数）

序　　号	1	2	3	4	5	6	7
$U(V)$							
$I_L(A)$							

（二）方法二

1. 直流他励发电机

(1) 空载特性实验。

1）直流他励发电机接线如图 3 - 9 所示。S3 断开，发电机处于空载运行状态。将 R_{st} 调到最大值，R_{fM}调到最小值，R_{fG}调到最左端。合上 S1，启动电动机。逐步切除电阻 R_{st}。

2）合上 S2，调节 R_{fG} 使发电机电枢电压达到 $1.2U_N$ 左右（若电压表指针反转，可调换电压表接线再测量）。调节 R_{fM} 使发电机转速在整个实验过程中保持额定值不变，即 $n=n_N$。

3）从 $U_0=1.2U_N$ 开始，调节 R_{fG} 使发电机励磁电流逐渐单调减少，直到 $I_{fG}=0$（此时的电枢电压即剩磁电压，用低量程电压表测取）。测取发电机励磁电流和相应空载电压（在 $U_0=U_N$ 及附近多测几点）的数值 5～6 组，记入表 3-14 中。

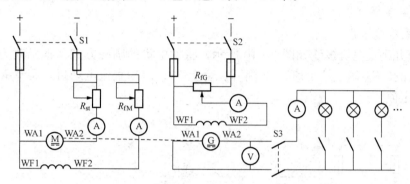

图 3-9　直流他励发电机接线图

表 3-14　　　　　　　　他励发电机空载实验数据　　　　（$n=n_N=$____ r/min, $I_L=0$）

序　号	1	2	3	4	5	6
U_0(V)						
I_{fG}(A)						

（2）外特性实验。

1）空载实验后，合上 S3，此时发电机负载电流应为最小。

2）同时调节 R_{fM}、R_{fG} 和发电机负载电流，使发电机的 $n=n_N$、$U=U_N$、$I_L=I_N$，注意三者同时满足，该点为发电机的额定运行点，其励磁电流称为额定励磁电流 I_{fGN}（A）。

3）在保持 $n=n_N$ 和 $I_{fG}=I_{fGN}$ 不变的前提下，逐步减小发电机负载电流 I_L，直到空载（S3 断开）。每次测取发电机的负载电流 I_L 和相对应端电压值（额定负载和空载两点必测）6～7 组，记入表 3-15 中。

表 3-15　　　　　　　　他励发电机外特性实验数据

（$n=n_N=$____ r/min, $I_{fG}=I_{fGN}=$____ mA）

序　号	1	2	3	4	5	6	7
U(V)							
I_L(A)							

（3）调节特性实验。合上 S3，调节 R_{fM} 使发电机转速在整个实验过程中保持额定值不变。调节 R_{fG}，使发电机端电压达到额定值。逐步增加发电机负载电流达到额定值。在同时保持 $U=U_N$ 和 $n=n_N$ 的前提下，读取发电机负载电流 I_L 及相应励磁电流 I_{fG}（额定负载和空载两点必测）6～7 组，记入表 3-16 中。

表 3 - 16 他励发电机调节特性实验数据

($n=n_{\rm N}=$____ r/min, $U=U_{\rm N}=$____ V)

序　　号	1	2	3	4	5	6	7
$I_{\rm L}$(A)							
$I_{\rm fG}$(A)							

2. 直流并励发电机

（1）观察自励过程。

1）直流并励发电机接线如图 3 - 10 所示。将发电机的励磁方式从他励改为并励，$R_{\rm st}$、$R_{\rm fG}$调至最大值，$R_{\rm fM}$调至最小值。S2 断开。合上 S1，启动直流电动机，调节 $R_{\rm fM}$使发电机转速达到额定值。

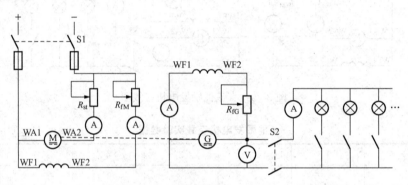

图 3 - 10　直流并励发电机接线图

2）检查发电机有无剩磁。如有剩磁，则电压表将指出由剩磁产生的电势；如无剩磁，则电压表将无指示，必须将并励绕组改接成他励进行充磁。

3）逐步减小 $R_{\rm fG}$，观察电压表的变化。如读数不变，应检查励磁回路是否断开。如读数变小，表示励磁绕组极性不正确，可停机后将励磁绕组两个端头反接，或改变电机转向，使发电机自励。如读数增大，表示接线正确。

4）调节 $R_{\rm fG}$，并励发电机电压在 $U_{\rm N}$左右，并调节 $R_{\rm fM}$使发电机转速为额定值。

（2）外特性实验（并励发电机的外特性实验方法与他励基本相同）。

1）合上 S1，启动直流电动机，逐步切除电阻 $R_{\rm st}$。合上 S2，调节 $R_{\rm fM}$、$R_{\rm fG}$和发电机负载，使转速、电枢电压和负载电流三者均达到额定值，即 $n=n_{\rm N}$、$U=U_{\rm N}$ 和 $I_{\rm L}=I_{\rm N}$。

2）保持此时的 $n=n_{\rm N}$ 和 $R_{\rm fG}$不变，逐步减小发电机负载电流，直到拉开 S2。从额定负载到空载运行范围内测取发电机的电枢电压 U 与相应的负载电流 $I_{\rm L}$，测取 5～7 组数据，记录于表 3 - 17 中，其中额定负载和空载两点必测。

表 3 - 17 并励发电机外特性实验数据 　($n=n_{\rm N}=$____ r/min, $R_{\rm fG}=$常值)

序　　号	1	2	3	4	5	6	7
U(V)							
$I_{\rm L}$(A)							

（三）方法三

直流他励发电机接线如图 3 - 11 所示。图中直流发电机 G 选用 ZF2-32 直流他励发电机，三相鼠笼式异步电动机 M 选用 Y100L1-4 作为 G 的原动机（按 380V/Y 接线），R_L 选用单相箱负载。

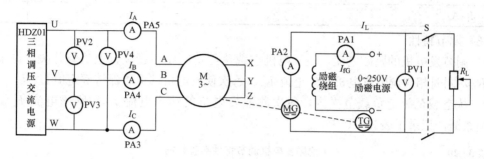

图 3 - 11 直流他励发电机接线图

（1）空载特性。

1）将三相交流电源调压器调压手柄逆时针转到底，励磁电源调压旋钮逆时针旋到底，负载开关 S 断开，做好启动准备。

2）按下启动按钮，启动三相鼠笼式异步电机 M。

3）调节调压器将三相线电压升至 380V，并在整个实验过程中保持转速额定值不变。

4）单方向调节励磁电源电压，使发电机励磁电流从 $I_{fG}=0$ 逐次增大，直至发电机空载电压 $U_0=1.2U_N$ 左右；每次读取发电机励磁电流 I_{fG} 和相应端电压 U_0 的数值，可得到空载特性曲线的上升分支数据。从 $U_0=1.2U_N$ 开始，单方向逆时针调节励磁电源旋钮，使发电机励磁电流逐次减小，每次读取发电机的励磁电流 I_{fG} 和相应的空载电压 U_0，直至 $I_{fG}=0$ 为止，可得到空载特性曲线的下降分支数据。测取数据 7～8 组，记录于表 3 - 18 中。注意：$U_0=U_N$、$I_{fG}=0$ 两点必测，$U_0=U_N$ 附近测点应较密。

表 3 - 18 　　　　　他励发电机空载特性实验数据　　　（$n=n_N=$ 　　 r/min，$I_L=0$）

	序号	1	2	3	4	5	6	7	8
上升分支	I_{fG}(A)								
	U_0(V)								
下降分支	I_{fG}(A)								
	U_0(V)								

（2）外特性。

1）负载开关断开。逐步合上负载开关，并调节励磁电流 I_{fG}，使发电机的 $I_L=I_N$，$U=U_N$。该点为发电机的额定运行点，其励磁电流称为额定励磁电流 I_{fGN}，记录该组数据。

2）在保持 $n=n_N$ 和 $I_{fG}=I_{fGN}$ 不变的条件下，逐次断开负载开关，即减小发电机负载电流 I_L。从额定负载到空载运行的范围内，每次测取发电机的电压 U 和负载电流 I_L，直到空载（此时 $I_L=0$），测取 6～7 组数据，记录于表 3 - 19 中。

表 3 - 19 他励发电机外特性实验数据

$(n=n_N=$____ r/min, $I_{fG}=I_{fGN}=$____ mA)

序 号	1	2	3	4	5	6	7
$U(V)$							
$I_L(A)$							

（3）调节特性。

1）调节发电机的励磁电流，使发电机空载达额定电压。逐步合上负载开关，调节负载电阻 R_L，同时相应调节发电机励磁电流 I_{fG}。每次使发电机端电压保持额定值 $U=U_N$。

2）从空载至额定负载范围内，每次测取发电机的输出电流 I_L 和励磁电流 I_{fG}，共取 6～7组数据，记录于表 3 - 20 中。

表 3 - 20 他励发电机调节特性实验数据

$(n=n_N=$____ r/min, $U=U_N=$____ V)

序 号	1	2	3	4	5	6	7
$I_L(A)$							
$I_{fG}(A)$							

本实验报告请扫描封面或目录中二维码，下载使用。

实验 3　直流并励电动机的工作特性与调速特性

一　实验目的

（1）掌握用实验方法测取直流并励电动机的工作特性。
（2）掌握直流并励电动机的调速方法。

二　预习要点

（1）什么是直流电动机的工作特性？
（2）直流电动机调速原理是什么？
（3）能耗制动的原理是什么？

三　实验项目

1. 工作特性
保持 $U=U_N$ 和 $I_{fM}=I_{fMN}$ 不变，测取 n、T_2、$\eta=f(I_a)$、$n=f(T_2)$。

2. 调速特性
（1）改变电枢电压调速。保持 $U=U_N$，$I_{fM}=I_{fMN}=$ 常数，$T_2=$ 常数，测取 $n=f(U_a)$。
（2）改变励磁电流调速。保持 $U=U_N$，$T_2=$ 常数，测取 $n=f(I_{fM})$。

3. 观察能耗制动过程
（1）观察电枢开路时电机处于自由停机的停机时间。

（2）观察不同负载的阻值对停机时间的影响。

四 实验仪器与设备

DDSZ-1 实验台、DD03-3、DJ23、DJ15

屏上挂件排列顺序：D31、D42、D51、D31、D44、D55-3

五 实验方法

1. 直流并励电动机的工作特性

（1）直流并励电动机接线如图 3-12 所示。校正直流测功机 MG 按他励发电机连接，在此作为直流电动机 M 的负载，用于测量电动机的转矩和输出功率。R_{fM} 选用 D44（900Ω）按分压法接线，R_{fG} 选用 D42（1800Ω），R_{st} 选用 D44（180Ω），R_L 选用 D42（2250Ω）。

（2）将电动机 M 的磁场调节电阻 R_{fM} 调至最小，电枢串联启动电阻 R_{st} 调至最大，接通电枢电源开关使其启动，其旋转方向应符合转速表正向旋转的要求。

（3）电动机 M 启动正常后，逐渐切除电阻 R_{st}，调节电枢电源的电压为 220V，调节校正直流测功机的励磁电流 I_{fG} 为校正值（100 mA），并在整个实验过程中保持不变。再调节其负载电阻 R_L（先调串联部分；当负载电流大于 0.4A 时，使用并联部分，并将串联部分电阻调到最小，用导线短接，否则将会烧毁熔断器）和电动机的磁场调节电阻 R_{fM}，使电动机达到额定值：$U=U_N$，

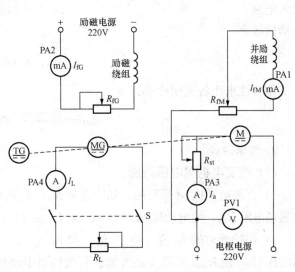

图 3-12 直流并励电动机接线图

$I=I_N$，$n=n_N$。此时电动机 M 的励磁电流 I_{fM} 即为额定励磁电流 I_{fMN}。

（4）保持 $U=U_N$，$I_{fM}=I_{fMN}$，I_{fG} 为校正值不变的条件下，逐次减小电动机负载。测取电动机电枢输入电流 I_a、转速 n 和校正电机的负载电流 I_L（由校正曲线或 D55-3 读出电动机输出对应转矩 T_2），共取数据 10 组，记录于表 3-21 中。

表 3-21　　　　　　　　　　工 作 特 性 实 验 数 据

（$U=U_N=$＿＿ V，$I_{fM}=I_{fMN}=$＿＿ mA，$I_{fG}=100$mA）

	序号	1	2	3	4	5	6	7	8	9	10
实验数据	I_a(A)										
	n(r/min)										
	I_L(A)										
	T_2(Nm)										

续表

序号		1	2	3	4	5	6	7	8	9	10
计算数据	$P_2(\text{W})$										
	$P_1(\text{W})$										
	$\eta(\%)$										
	$\Delta n(\%)$										

电动机输出功率：$P_2 = 0.105nT_2$

式中输出转矩 T_2 的单位为 N·m ［由 I_{fG} 及 I_F，从校正曲线 $T_2 = f(I_F)$ 查得］，转速 n 的单位为 r/min。

电动机输入功率：$P_1 = UI$

输入电流：$I = I_a + I_{fMN}$

电动机效率：

$$\eta = \frac{P_2}{P_1} \times 100\%$$

由工作特性求出转速变化率：

$$\Delta n = \frac{n_0 - n_N}{n_N} \times 100\%$$

2. 调速特性

（1）改变电枢端电压调速。

1）直流电动机 M 运行后，切除电阻 R_{st}，I_{fG} 调至校正值，再调节负载电阻 R_L、电枢电压及磁场电阻 R_{fM}，使电动机 M 的 $U=U_N$，$I_a=0.5I_N$，$I_{fM}=I_{fMN}$，记下此时测功机 MG 的 I_L 值。

2）保持此时的 I_L 值（即 T_2 值）和 $I_{fM}=I_{fMN}$ 不变，逐次增加 R_{st} 的阻值，降低电枢两端的电压 U_a，使 R_{st} 从零调至最大值。每次测取电动机的端电压 U_a、转速 n 和电枢电流 I_a，共取数据 7～8 组，记录于表 3-22 中。

表 3-22　　　　　　　　　改变电枢电压调速实验数据

［$I_{fM}=I_{fMN}=$＿＿ mA，$I_L=$＿＿ A（$T_2=$＿＿ Nm），$I_{fG}=100\text{mA}$］

序号	1	2	3	4	5	6	7	8	9
$U_a(\text{V})$									
$n(\text{r/min})$									
$I_a(\text{A})$									

（2）改变励磁电流调速。

1）直流电动机运行后，将电动机 M 的电枢串联电阻 R_{st} 和磁场调节电阻 R_{fM} 调至零，将测功机 MG 的磁场调节电阻 I_{fG} 调至校正值，再调节电动机 M 的电枢电源调压旋钮和测功机 MG 的负载，使电动机 M 的 $U=U_N$，$I_a=0.5I_N$，记下此时的 I_L 值。

2）保持此时测功机 MG 的 I_L 值（T_2 值）和 M 的 $U=U_N$ 不变，逐次增加磁场电阻阻值，直至 $n=1.3n_N$。每次测取电动机的 n、I_{fM} 和 I_a，共取 7～8 组，记录于表 3-23 中。

表 3 - 23 改变励磁电流调速实验数据

$[U=U_N=\underline{\quad} V, I_L=\underline{\quad} A (T_2=\underline{\quad} Nm), I_{fG}=100mA]$

序号	1	2	3	4	5	6	7	8
n(r/min)								
I_{fM}(mA)								
I_a(A)								

3. 能耗制动

(1) 按图 3 - 13 接线，R_{st} 选用 D44（180Ω），R_{fM} 选用 D44（1800Ω），R_L 选用 D42（2250Ω）。

(2) 把 M 的电枢串联启动电阻 R_{st} 调至最大，磁场调节电阻 R_{fM} 调至最小位置。S1 合向 1 端位置，然后合上电枢电源开关，使电动机启动。运转正常后，将开关 S1 合向中间位置，使电枢开路。由于电枢开路，电动机处于自由停机，记录停机时间。

(3) 将 R_{st} 调回到最大位置，重复启动电动机，待运转正常后，把 S1 合向 R_L 端，记录停机时间。

(4) 选择 R_L 不同的阻值，观察对停机时间的影响。注意不宜调节 R_{st} 及 R_L 到太小的阻值，以免产生太大的电流，损坏电机。

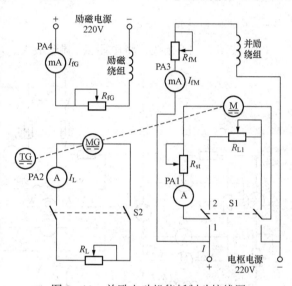

图 3 - 13 并励电动机能耗制动接线图

 本实验报告请扫描封面或目录中的二维码下载使用。

实验 4 直流并励电动机的机械特性

一 实验目的

掌握直流并励电动机机械特性的测定方法。

二 预习要点

(1) 直流并励电动机的自然机械特性曲线是怎样的？
(2) 直流并励电动机的各种人为机械特性曲线是怎样的？

三 实验项目

(1) 自然机械特性的测定：$U=U_N$，$I_{fM}=I_{fMN}$，$R_{st}=0$，测取 $n=f(T_{em})$。
(2) 电枢回路串电阻时人为机械特性的测定：$U=U_N$，$I_{fM}=I_{fMN}$，$R_{st}=$ 常数，测取 $n=$

$f(T_{em})$。

（3）改变励磁电流时人为机械特性的测定：$U=U_N$，$R_{st}=0$，$I_{fM}=$常数，测取 $n=f(T_{em})$。

（4）改变电枢电压时人为机械特性的测定：$I_{fM}=I_{fMN}$，$U_a=$常数，测取 $n=f(T_{em})$。

四　实验仪器与设备

直流并励电动机与直流发电机组、调节电阻、电气仪表、转速表、负载

五　实验方法

1. 自然机械特性的测定

（1）按图 3-14 接线，将电阻 R_{st} 调至最大、电阻 R_{fM} 调至最小，经检查无误后，合上开关 S1，启动直流电动机。

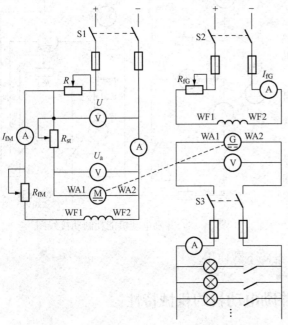

（2）慢慢切除电阻 R_{st}（即 $R_{st}=0$），调节 R 的阻值，使电动机端电压为额定值 U_N，并在整个实验过程中保持不变。

（3）合上开关 S2，调节 R_{fG} 使发电机 G 的电枢电压在额定值附近。

（4）合上开关 S3，慢慢增加电动机的负载，并调节电动机的转速。使电动机的 $U=U_N$，$I=I_N$，$n=n_N$。此点即为电动机的额定工作点，此时的励磁电流即为额定励磁电流 I_{fMN}。

（5）在保持 $U=U_N$，$I_{fM}=I_{fMN}$ 不变的条件下，逐渐减小电动机的负载，直到拉开 S3、S2，期间每次记录电动机的输入电流 I 和相应的转速 n，共测取 6 组数据，记录于表 3-24 中。

图 3-14　直流并励电动机机械特性实验接线图

表 3-24　　　　　　　　　　自然机械特性测定实验数据

$(U=U_N=$____ V，$I_{fM}=I_{fMN}=$____ A)

序号	1	2	3	4	5	6
$I(A)$						
$n(r/min)$						
$T_{em}(Nm)$						

2. 电枢回路串电阻时人为机械特性的测定

（1）按照图 3-14 接线，检查无误后，按直流电动机的启动步骤启动直流电动机。

（2）调节变阻器 R_{st} 在一定的位置，记录此时的电阻值，并在整个实验过程中保持不变。调节 R 使电动机端电压为额定值 U_N，并在整个实验过程中保持不变。

（3）在保持 $U=U_N$、$I_{fM}=I_{fMN}$、$R_{st}=$ 常数的条件下，逐渐增加电动机负载，直到输入电流达到额定值。然后从输入电流为额定值开始逐渐减小负载，直到拉开 S3、S2，其间每次记录电动机的输入电流 I 和相应的转速 n，共测取 6 组数据，记录于表 3 - 25 中。

表 3 - 25　　　　　电枢回路串电阻时的人为机械特性实验数据

$(U=U_N=\_\_\_\_$ V, $I_{fM}=\_\_\_\_$ A, $R_{st}=\_\_\_\_$ Ω$)$

序号	1	2	3	4	5	6
$I(A)$						
$n(r/min)$						
$T_{em}(Nm)$						

3. 改变励磁电流时人为机械特性的测定

（1）按照图 3 - 14 接线，检查无误后，按直流电动机的启动步骤启动直流电动机。

（2）切除启动电阻 R_{st}（即 $R_{st}=0$），调节电动机的磁场调节电阻 R_{fM} 以改变励磁电流，记录此时的励磁电流 I_{fM} 的值，并在整个实验过程中保持不变。

（3）合上开关 S2，调节 R_{fG} 使发电机 G 的电枢电压保持在额定值附近。

（4）合上开关 S3，慢慢增加电动机的负载，并调节电动机的转速。使电动机的 $U=U_N$，$I=I_N$，$n=n_N$，此点即为电动机的额定工作点。

（5）在保持 $U=U_N$、$I_{fM}=$ 常数的条件下，逐渐减小电动机的负载，直到拉开 S3、S2，期间每次记录电动机的输入电流 I 和相应的转速 n，共测取 6 组数据，记录于表 3 - 26 中。

表 3 - 26　　　　　改变励磁电流时的人为机械特性实验数据

$(U=U_N=\_\_\_\_$ V, $I_{fM}=\_\_\_\_$ A$)$

序号	1	2	3	4	5	6
$I(A)$						
$n(r/min)$						
$T_{em}(Nm)$						

4. 改变电枢电压时人为机械特性的测定

（1）调节电动机的磁场调节电阻 R_{fM}，使 $I_{fM}=I_{fMN}$，并在整个实验过程中保持不变。

（2）调节电动机的启动电阻 R_{st}，以改变电动机的电枢电压，记录此时电枢电压 U_a 的大小，并在整个实验过程中保持不变。

（3）合上开关 S2，调节 R_{fG} 使发电机 G 的电枢电压在额定值左右。

（4）合上开关 S3，慢慢增加电动机的负载，并调节电动机的转速，使电动机的 $U=U_N$，$I=I_N$，$n=n_N$。此点即为电动机的额定工作点，此时的励磁电流即为额定励磁电流 I_{fMN}。

（5）在保持 $U=U_a=$ 常数、$I_{fM}=I_{fMN}$ 的条件下，逐渐减小电动机的负载，直到拉开 S3、S2，其间每次记录电动机的输入电流 I 和相应的转速 n，共测取 6 组数据，记录于表 3 - 27 中。

表 3 - 27　　　　　　　　　改变电枢电压时的人为机械特性实验数据

$(I_{fM}=I_{fMN}=\_\_\_\_$ A，$U_a=\_\_\_\_$ V)

序号	1	2	3	4	5	6
$I(A)$						
$n(r/min)$						
$T_{em}(Nm)$						

注　此时电动机变成他励电动机。

 本实验报告请扫描封面或目录中的二维码下载使用。

实验 5　直流他励电动机的工作特性与调速特性

一　实验目的

(1) 掌握测取直流电动机工作特性的实验方法。
(2) 掌握直流他励电动机的调速方法。

二　预习要点

(1) 什么是直流电动机的工作特性？
(2) 直流电动机调速原理是什么？

三　实验项目

(1) 工作特性：保持 $U=U_N$ 和 $I_{fM}=I_{fMN}$ 不变，测取 n、$\eta=f$（I_a）。
(2) 调速特性。
1) 改变电枢电压调速，保持 $U=U_N$、$I_f=I_{fN}$ = 常数，T_2 = 常数，测取 $n=f$（U_a）。
2) 改变励磁电流调速，保持 $U=U_N$，T_2 = 常数，测取 $n=f(I_f)$。

四　实验仪器与设备

DDSZ - 1 实验台　　　DD03 - 3、DJ23、DJ18
屏上挂件排列顺序　　　D31、D41、D44、D34 - 3、D51、D31、D44

五　实验方法

1. 直流他励电动机的工作特性
(1) 按图 3 - 15 接线。三相同步电机作 Y 连接，其 $P_N=170W$，$U_N=220V$，$I_N=0.45A$，$n_N=1500r/min$，$I_{fGN}=1.2A$；直流他励电动机 MG 选用 DJ23。

校正直流测功机 MG 按他励方式连接，用作电动机拖动三相同步发电机 GS 旋转，GS 的定子绕组为 Y 形接法（$U_N=220V$）。R_{fG} 用 D41 组件上的 90Ω 与 90Ω 串联加上 90Ω 与 90Ω 并联共 225Ω，R_{st} 用 D44 上的 180Ω 电阻，R_{fM} 用 D44 上的 1800Ω 电阻。开关 S 选用 D51 挂箱。三相可变电阻器 R_L 选用 D42 组件上的 900Ω 与 900Ω 串联共 1800Ω。

（2）调节 R_{fG}、R_{st} 至最大值，R_{fM} 至最小值，开关 S 断开，三相负载 R_L 处于最大位置。将控制屏左侧调压器旋钮和电枢电源逆时针方向方向旋到底，做好实验开机准备。

（3）接通控制屏上的电源总开关，按下启动按钮，接通励磁电源开关，看到电流表 PA2 有励磁电流指示后，再接通控制屏上的电枢电源开关，启动 MG。

（4）M 启动后观察转速表显示转速的极性和电机实际运转的方向应符合要求。平稳调节控制屏上电枢电源调压旋钮，使电动机启动。M 启动正常后，调节电枢电源的电压为 220V。调节同步电机的励磁电流 I_{fG} 使同步发电机的空载输出电压为 220V，并保证此时的 I_{fG} 不变，再同步调节三相可变负载电阻 R_L 和电动机的励磁电流，使电动机达到额定值：$U=U_N$，$I=I_N$，$n=n_N$。此时 M 的励磁电流 I_{fM} 即为额定励磁电流 I_{fMN}。同步增大三相负载电阻 R_L 直至空载，在此过程中将读取的数据记录于表 3-28 中。

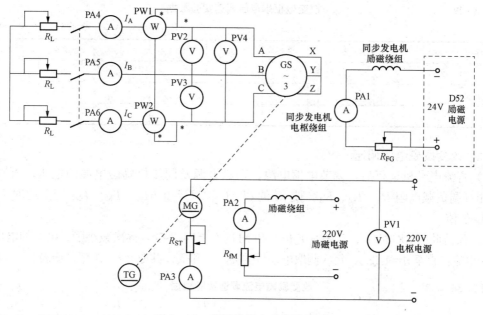

图 3-15　直流他励电动机接线图

表 3-28　　　　　　　　　**直流他励电动机的工作特性实验数据**

（$U=U_N=$ _____ V　$I_{fM}=I_{fMN}=$ _____ A　$I_{fG}=$ _____ A）

序号		1	2	3	4	5	6
实验	I_a(A)						
	n(r/min)						
	I_F(A)						
	P_2(W)						
计算	P_1(W)						
	η（%）						

电动机输入功率：　　　　　　　　　　$P_1=UI$

输入电流：　　　　　　　　　　　　　$I=I_a$

电动机效率： $$\eta=\frac{P_2}{P_1}\times100\%$$

2. 调速特性

（1）改变电枢端电压调速。

1）直流电动机 M 运行后，通过调节电枢电源、励磁电源及同步机励磁电源的电压，再同步调节三相可调负载电阻 R_1、R_2、R_3，使 M 的 $U=U_N$，$I_a=0.5I_N$，$I_{fM}=I_{fMN}$ 记下此时 MG 的 I_F 和 I_{fG} 的值。

2）保持此时的 I_F、I_{fG} 值（即 T_2 值）和 $I_{fM}=I_{fMN}$ 不变，逐次减小电枢电源的电压，降低电枢两端的电压 U_a，每次测取电动机的端电压 U_a，转速 n 和电枢电流 I_a。

3）共取数据 8～9 组，记录于表 3-29 中。

表 3-29　　　　　　　　　　　　改变电枢端电压调速实验数据

（$I_{fM}=I_{fMN}=$　　A　$I_F=$　　A　$I_{fG}=$　　A）

序号	1	2	3	4	5	6	7	8
U_a(V)								
n（r/min）								
I_a(A)								

（2）改变励磁电流调速。

1）直流电动机运行后，调节电枢电源、励磁电源及同步机励磁电源的电压，再同步调节三相可调负载电阻 R_1、R_2、R_3，使 M 的 $U=U_N$，$I_a=0.5I_N$，$I_{fM}=I_{fMN}$ 记下此时 MG 的 I_F 和 I_{fG} 的值。

2）保持此时 MG 的 I_F、I_{fG} 值（T_2 值）和 M 的 $U=U_N$ 不变，逐次减小励磁电源的电压，降低励磁电流，直至 $n=1.3n_N$，每次测取电动机的 n、I_{fM} 和 I_a。共取 7～8 组记录于表 3-30 中。

表 3-30　　　　　　　　　　　　改变励磁电流调速实验数据

（$U=U_N=$　　　V　$I_F=$　　A　$I_{fG}=$　　mA）

序号	1	2	3	4	5	6	7	8
n(r/min)								
I_{fM}(A)								
I_a(A)								

 本实验报告请扫描封面或目录中的二维码下载使用。

第四章　变　压　器

实验1　单相变压器的空载、短路与负载特性

一　实验目的

（1）通过空载和短路实验测定变压器的变比和参数。

（2）通过负载实验测取变压器的工作特性。

二　预习要点

（1）在空载与短路实验中，各种仪表怎样连接才能使测量误差最小？

（2）变压器空载及短路实验时应注意哪些问题？电源一般应接在哪一侧比较合适？

（3）如何用实验方法测定变压器的铁耗与铜耗？

三　实验项目

（1）测变比。

（2）空载实验，测取空载特性：I_0、P_0、$\cos\varphi_0 = f(U_0)$。

（3）短路实验，测取短路特性：U_k、P_k、$\cos\varphi_k = f(I_k)$。

（4）负载实验。

1）纯电阻负载外特性：在 $U_1 = U_{1N}$，$\cos\varphi_2 = 1$ 的条件下，测取 $U_2 = f(I_2)$。

2）电感负载外特性：在 $U_1 = U_{1N}$，$\cos\varphi_2 = 0.8$ 的条件下，测取 $U_2 = f(I_2)$。

四　实验仪器与设备

方法一　DDSZ-1电机实验台

　　　　屏上排列顺序　D33、DJ11、D32、D34-3、D51、D42、D43

方法二　单相变压器、调压器、电气仪表、双刀开关、电阻器、电抗器

五　实验方法

（一）方法一

1. 空载实验

（1）按图 4-1 接线。将三相调压器旋钮逆时针方向旋转到底，即将其归零。被测变压器选用三相组式变压器 DJ11 中的一只作为单相变压器，低压线圈 a、x 接电源，高压线圈 A、X 开路。

（2）选好测量仪表量程。

（3）合上交流电源总开关，按下启动按

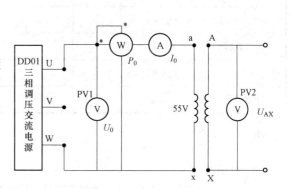

图 4-1　空载实验接线图

钮，调节三相调压器旋钮，使变压器空载电压 $U_0 = 1.2U_N$，然后逐次降低电源电压，在 1.2
~0.3U_N 的范围内，测取变压器的 U_0、I_0、P_0。测取数据 7~8 组记录于表 4-1 中。测取数据时，$U = U_N$ 点必须测，并在该点附近测的点较密。

（4）为了计算变压器变比 $K(K = U_{AX}/U_{ax})$，在 U_N 以下测取一次电压的同时测出二次电压数据也记录于表 4-1 中。

表 4-1   单相变压器空载实验

序号		1	2	3	4	5	6	7
实验数据	U_0(V)							
	I_0(A)							
	P_0(W)							
	U_{AX}(V)							
计算数据	$\cos\varphi_0$							

注　$K = \dfrac{U_{AX}}{U_{ax}}$，$\cos\varphi_0 = \dfrac{p_0}{U_0 I_0}$。

2. 短路实验

（1）断开三相调压交流电源，将输出电压调为零的位置。

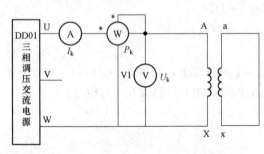

图 4-2　短路实验接线图

（2）按图 4-2 接线。变压器的高压线圈接电源，低压线圈直接短路，并选择好测量仪表量程。

（3）接通交流电源，逐次缓慢增加输入电压，在（0.2~1.1）I_N 范围内测取变压器的 U_k、I_k、P_k。共测取数据 6~7 组记录于表 4-2 中。实验时记下周围环境温度（℃）。

（4）测取数据时，$I_k = I_N$ 点必须测，并在该点附近测的点较密。

表 4-2   单相变压器短路实验数据   （室温＝＿＿℃）

序号		1	2	3	4	5	6	7	8
实验数据	U_k(V)								
	I_k(A)								
	P_k(W)								
计算数据	$\cos\varphi_k$								

注　$\cos\varphi_k = \dfrac{P_k}{U_k I_k}$。

3. 负载实验

实验接线按图 4-3 所示，将调压器输出电压调至零的位置，S1、S2 断开，电阻及电抗调至最大。

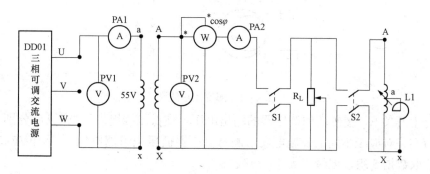

图 4-3 负载实验接线图

（1）纯电阻负载。

1）接通交流电源，逐渐升高电源电压，使变压器输入电压 $U_1=U_N$。

2）保持 $U_1=U_N$，合上 S1，逐渐增加负载电流，即减小负载电阻 R_L 的值，从空载到额定负载的范围内，测取变压器的输出电压 U_2 和电流 I_2。

3）测取数据时，$I_2=0$ 和 $I_2=I_{2N}$ 两点必测，测取数据 6～7 组记录于表 4-3 中。

表 4-3　　　　　　单相变压器纯电阻负载实验数据　　（$\cos\varphi_2=1$ 　$U_1=U_N=$___ V）

序号	1	2	3	4	5	6	7
$U_2(V)$							
$I_2(A)$							

（2）阻感性负载（$\cos\varphi_2=0.8$）。

1）用电抗器 X_L 和 R_L 并联作为变压器的负载，S1、S2 断开，电阻及电抗值调至最大。

2）接通交流电源，升高电源电压至 $U_1=U_{1N}$，且保持不变。合上 S1、S2，在保持 $U_1=U_N$ 及 $\cos\varphi_2=0.8$ 的前提下，逐渐增加负载电流，从空载到额定负载的范围内，测取变压器 U_2 和 I_2。

3）测取数据时，其 $I_2=0$，$I_2=I_{2N}$ 两点必测，共测取数据 6～7 组记录于表 4-4 中。

表 4-4　　　　　　　单相变压器阻感性负载实验数据

（$\cos\varphi_2=0.8$　　$U_1=U_N=$___ V）

序号	1	2	3	4	5	6	7
$U_2(V)$							
$I_2(A)$							

（二）方法二

1. 测变比 K

（1）实验接线如图 4-4 所示。变压器 T 高压绕组侧开路，低压绕组侧经调压器 T1 和开关 S 接至电源，调压器 T1 归零。

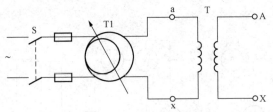

图 4-4　测变比接线图

（2）合上开关 S，缓慢增加调压器的输出电压，使低压绕组外施电压 U_0 分别为 $0.5U_N$、$0.8U_N$ 和 U_N。对应于不同的外施电压，测量变压器低压绕组侧电压 U_{ax} 及相应高压绕组侧电压 U_{AX}。取数据 3 组，记录于表 4-5 中。

表 4-5　　　　　　　　　　　　　测定单相变压器变比实验数据

序号	1	2	3
U_{ax}(V)			
U_{AX}(V)			
变比 K			

2. 空载实验

（1）如图 4-5 所示。选好仪表量程，电源电压加在低压绕组侧，高压绕组侧开路，调压器归零位。

（2）闭合开关 S，调节调压器输出，使变压器低压侧外施电压升至 $1.2U_N$。逐次降低外施电压，在 $(1.2\sim0.3)U_N$ 的范围内，每次测量空载电压 U_0、空载电流 I_0、空载损耗 P_0，共取数据 6 组（包括 $U_0=U_N$ 点，在该点附近测点应较密），记录于表 4-6 中。

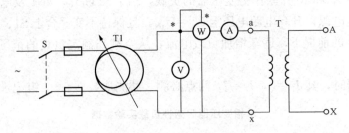

图 4-5　空载实验接线图

表 4-6　　　　　　　　　　　　　单相变压器空载实验数据

序号	1	2	3	4	5	6
U_0(V)						
I_0(A)						
P_0(W)						
$\cos\varphi_0$						

3. 短路实验

（1）短路实验接线如图 4-6 所示。选好仪表量程，电源电压加在高压绕组侧，低压绕组侧短路，调压器归零位。

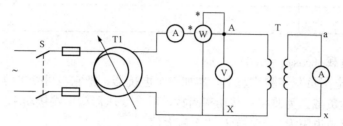

图 4-6　短路实验接线图

（2）合上开关 S，接通电源。逐渐增大外施电压，使短路电流升至 $1.1 I_N$。在 $1.1I_N \sim 0.5I_N$ 范围内，测量短路功率 P_k、短路电流 I_k、短路电压 U_k。共取数据 5 组（包括 $I_k = I_N$），记录于表 4-7 中。

表 4-7　　　　　　　　　　单相变压器短路实验数据　　　　　　（室温 $\theta =$____℃）

序号	1	2	3	4	5
$U_k(V)$					
$I_k(A)$					
$P_k(W)$					
$\cos\varphi_k$					

4. 负载实验

接线如图 4-7 所示。

（1）纯电阻负载实验（$\cos\varphi_2 = 1$）。

1）变压器低压侧经开关 S2 接可变电阻器（灯箱或变阻器）。将负载电阻调至最大值。

2）闭合开关 S1，调节外施电压，使 $U_1 = U_{1N}$，并保持不变。闭合开关 S2，逐次减少负载电阻，增加负载电流，使输出电流从 $I_2 = 0$ 变化至额定值 $I_2 = I_{2N}$，在此范围内测量输出电流 I_2 和电压 U_2。共取数据 6 组（包括 $I_2 = 0$ 和 $I_2 = I_{2N}$ 点），记录于表 4-8 中。

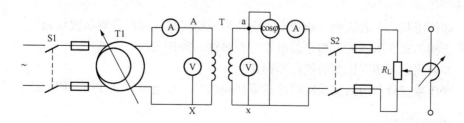

图 4-7　负载实验接线图

表 4-8			单相变压器纯电阻负载实验数据		（$\cos\varphi_2 = 1$，$U_1 = U_{1N} =$____ V）	
序号	1	2	3	4	5	6
I_2(A)						
U_2(V)						

（2）电感性负载（$\cos\varphi_2 = 0.8$）。

1）在以上纯电阻负载实验线路中，增加一个电抗器，把它与可变电阻器并联（或串联）组成变压器的感性负载。为监视负载功率因数，需在变压器输出端接功率因数表。变压器接通电源前，需把负载电阻 R_L 及电抗 L 调至最大值。

2）闭合开关 S1、S2。调节变压器外施输入电压，使 $U_1 = U_{1N}$。

3）保持 $U_1 = U_{1N}$，$\cos\varphi_2 = 0.8$ 不变，逐次减小负载电阻 R_L 和电抗 L，增加负载电流。

4）在负载由零增至额定值范围内，测量输出电流 I_2 和电压 U_2。共取数据 6 组，记录于表 4-9 中。

表 4-9			单相变压器电感性负载实验数据			
				（$\cos\varphi_2 = 0.8$，$U_1 = U_{1N} =$____ V）		
序号	1	2	3	4	5	6
I_2(A)						
U_2(V)						

 本实验报告请扫描封面或目录中的二维码下载使用。

实验 2　三相变压器的空载、短路与负载特性

一　实验目的

（1）通过空载和短路实验，测定三相变压器的变比和参数。

（2）通过负载实验，测取三相变压器的运行特性。

二　预习要点

（1）如何用双功率表法测三相功率，空载和短路实验应如何合理布置仪表？

（2）三相芯式变压器的三相空载电流是否对称，为什么？

（3）如何测定三相变压器的铁耗和铜耗？

（4）变压器空载和短路实验时应注意哪些问题？一般电源应加在哪一侧比较合适？

三　实验项目

（1）测定变比。

（2）空载实验。测取空载特性：$U_{0L}=f(I_{0L})$，$P_0=f(U_{0L})$，$\cos\varphi_0=f(U_{0L})$。

（3）短路实验。测取短路特性：$U_{kL}=f(I_{kL})$，$P_k=f(I_{kL})$，$\cos\varphi_k=f(I_{kL})$。

（4）纯电阻负载实验。保持 $U_1=U_N$，$\cos\varphi_2=1$ 的条件下，测取 $U_2=f(I_2)$。

四 实验仪器与设备

DDSZ-1 实验台

屏上挂件排列顺序：D33、D32、DJ12、D34-3、D51、D42

五 实验方法

1. 测定变比

三相变压器变比实验接线如图 4-8 所示，变压器选用三相三绕组芯式变压器。只用高、低压两组绕组，低压侧接电源，高压侧开路。将三相交流电源调到输出电压为零的位置。按下"启动"按钮，调节外施电压（低）$U=0.5U_N$。测取高、低绕组的线电压 U_{AB}、U_{BC}、U_{CA}、U_{ab}、U_{bc}、U_{ca}，记录于表 4-10 中。

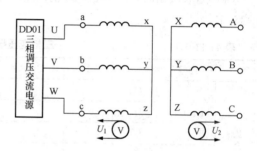

图 4-8 三相变压器变比实验接线图

表 4-10 　　　　　测三相变压器变比实验数据

高压绕组线电压(V)		低压绕组线电压(V)		变比 K	
U_{AB}		U_{ab}		K_{AB}	
U_{BC}		U_{bc}		K_{BC}	
U_{CA}		U_{ca}		K_{CA}	

计算变比

$$K_{AB}=\frac{U_{AB}}{U_{ab}}$$

$$K_{BC}=\frac{U_{BC}}{U_{bc}}$$

$$K_{CA}=\frac{U_{CA}}{U_{ca}}$$

平均变比

$$K=\frac{1}{3}(K_{AB}+K_{BC}+K_{CA})$$

2. 空载实验

（1）三相变压器空载实验接线如图 4-9 所示。将三相调压器输出归零，断开电源，变压器低压绕组接电源，高压绕组开路。

（2）接通三相交流电源，调节输出电压，使变压器的空载电压 $U_{0L}=1.2U_N$。

（3）逐次降低电源电压，在 $(1.2\sim0.2)U_N$ 范围内，测取变压器三相线电压、线电流和功率。

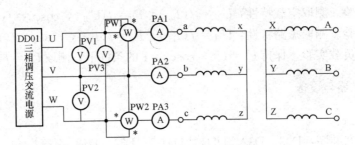

图 4-9　三相变压器空载实验接线图

（4）测取数据时，$U_0 = U_N$ 的点必测，且在其附近多测几组。测取数据 8 组，记录于表 4-11 中。

表 4-11　　　　　　　　　　　　　三相变压器空载实验数据

	序号		1	2	3	4	5	6	7	8
实验数据	U_{0L}(V)	U_{ab}								
		U_{bc}								
		U_{ca}								
	I_{0L}(A)	I_{a0}								
		I_{b0}								
		I_{c0}								
	P_0(W)	P_{01}								
		P_{02}								
计算数据	U_{0L}(V)									
	I_{0L}(A)									
	P_0(W)									
	$\cos\varphi_0$									

注　$U_{0L} = \dfrac{U_{ab} + U_{bc} + U_{ca}}{3}$；

$I_{0L} = \dfrac{I_a + I_b + I_c}{3}$；

$p_0 = P_{01} + P_{02}$；

$\cos\phi_0 = \dfrac{P_0}{\sqrt{3}U_{0L}I_{0L}}$。

3. 短路实验

（1）三相变压器空载短路实验接线如图 4-10 所示。将三相调压器输出归零，断开电源，变压器高压侧接电源，低压侧直接短路。

（2）接通三相交流电源，缓慢增大电源电压，使变压器的短路电流 $I_{kL} = 1.1I_N$。

（3）逐次降低电源电压，在（1.1～0.3）I_N 的范围内，测取变压器的三相输入电压、电流及功率。

（4）测取数据时，$I_{kL} = I_N$ 点必测。共取数据 6 组，记录于表 4-12 中。实验时记下周围环境温度，作为绕组的实际温度。

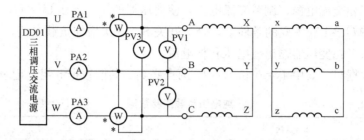

图 4 - 10 三相变压器短路实验接线图

表 4 - 12 三相变压器短路实验数据 (室温＿＿＿℃)

	序号		1	2	3	4	5	6
实验数据	$U_{kL}(V)$	U_{AB}						
		U_{BC}						
		U_{CA}						
	$I_{kL}(A)$	I_{Ak}						
		I_{Bk}						
		I_{Ck}						
	$P_k(W)$	P_{k1}						
		P_{k2}						
计算数据	$U_{kL}(V)$							
	$I_{kL}(A)$							
	$P_k(W)$							
	$\cos\phi_k$							

注 $U_{kL} = \dfrac{U_{AB} + U_{BC} + U_{CA}}{3}$;

$I_{kL} = \dfrac{I_{Ak} + I_{Bk} + I_{Ck}}{3}$;

$P_k = P_{k1} + P_{k2}$;

$\cos\varphi_k = \dfrac{P_k}{\sqrt{3}U_{kL}I_{kL}}$。

4. 纯电阻负载实验（$\cos\varphi_2 = 1$）

（1）三相变压器负载实验接线如图 4 - 11 所示。将三相调压器输出归零，断开电源，变压器低压绕组接电源，高压绕组经开关 S 接三相负载电阻 R_L。将负载电阻 R_L 阻值调至最大，断开开关 S。

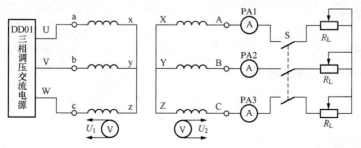

图 4 - 11 三相变压器负载实验接线图

（2）接通三相交流电源，调节交流电压，使变压器的输入电压 $U_1 = U_N$。

（3）在保持 $U_1 = U_{1N}$ 不变的条件下，合上开关 S，逐次增加负载电流，从空载到额定负载范围内，测取三相变压器输出线电压和相电流。

（4）测取数据时，其中 $I_2 = 0$ 和 $I_2 = I_N$ 两点必测。共取数据 5 组，记录于表 4 - 13 中。

表 4 - 13　　　　　　　　　　纯电阻负载实验数据　　　　　（$U_1 = U_{1N} = $ ＿＿ V，$\cos\varphi_2 = 1$）

序号		1	2	3	4	5
U_2(V)	U_{AB}					
	U_{BC}					
	U_{CA}					
	U_2					
I_2(A)	I_A					
	I_B					
	I_C					
	I_2					

本实验报告请扫描封面或目录中的二维码下载使用。

实验 3　变压器的极性与联结组别的测定 I

一　实验目的

（1）掌握用实验方法测定三相变压器的同名端。
（2）掌握用实验方法判别三相变压器的联结组别。

二　预习要点

（1）联结组别的定义。为什么要研究联结组别？国家规定的标准联结组别有哪几种？
（2）如何把 Yy0 联结组别改成 Yy6 联结组别以及把 Yd11 改为 Yd5 联结组别？

三　实验项目

（1）测定极性。
（2）连接并判定以下联结组别：
1）Yy0；
2）Yy6；
3）Yd11；
4）Yd5。

四 实验仪器与设备

DDSZ-1 实验台

实验挂件及屏上排列顺序：D33、D32、D34-3、DJ12、DJ11、D51

五 实验方法

1. 测 定 极 性

（1）测定相间极性。被测变压器选用三相芯式变压器 DJ12，用其中高压和低压两组绕组，$U_N=220/55$（127/31.8）V，$I_N=0.4/1.6A$，Y/Y 接法。测得阻值大的为高压绕组，用 A、B、C、X、Y、Z 标记。低压绕组标记用 a、b、c、x、y、z。

1）按图 4-12 接线。A、X 接电源的 U、V 两端子，Y、Z 短接。

2）接通交流电源，在绕组 A、X 间施加约 $50\%U_N$ 的电压。

3）用电压表测出电压 U_{BY}、U_{CZ}、U_{BC}，记录于表 4-14 中。若 $U_{BC}=|U_{BY}-U_{CZ}|$，则首末端标记正确；若 $U_{BC}=|U_{BY}+U_{CZ}|$，则标记不对。须将 B、C 两相任一相绕组的首末端标记对调。

表 4-14　　　　　　　　　变压器相间极性测定实验数据

U_{AX}	U_{BY}	U_{CZ}	U_{BC}	$\|U_{BY}-U_{CZ}\|$	$\|U_{BY}+U_{CZ}\|$

4）用同样方法，对 B、C 两相中的任一相施加电压，另外两相末端相连，定出每相首、末端正确的标记。

（2）测定一、二次侧极性。

1）暂标出三相低压绕组的标记 a、b、c、x、y、z，然后按图 4-13 接线，一、二次侧中点用导线相连。

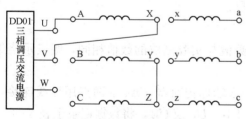

图 4-12　测定相间极性接线图

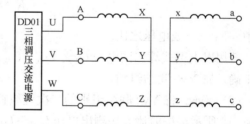

图 4-13　测定一、二次侧极性接线图

2）高压三相绕组施加约 50% 的额定电压，用电压表测量电压 U_{AX}、U_{BY}、U_{CZ}、U_{ax}、U_{by}、U_{cz}、U_{Aa}、U_{Bb}、U_{Cc}，记录于表 4-15 中，若 $U_{Aa}=U_{Ax}-U_{ax}$，则 A 相高、低压绕组同相，并且首端 A 与 a 端点为同极性。若 $U_{Aa}=U_{AX}+U_{ax}$，则 A 与 a 端点为异极性，若 U_{Aa} 都不符合上述关系式，则不是对应的低压绕组。

表 4-15　　　　　　　　　变压器一次、二次极性测定实验数据

U_{AX}、U_{BY}、U_{CZ}	U_{ax}、U_{by}、U_{cz}	U_{Aa}	$U_{Ax}-U_{ax}$	$U_{AX}+U_{ax}$

3）用同样的方法判别出 B、b，C、c 两相一、二次侧的极性。

4）高、低压三相绕组的极性确定后，根据要求连接出不同的联结组别。

2. 检验联结组别

（1）Yy0。按图 4-14 接线。A、a 两端点用导线连接，在高压侧施加三相对称的额定电压，测出 U_{AB}、U_{ab}、U_{Bb}、U_{Cc} 及 U_{Bc}，将数据记录于表 4-16 中。

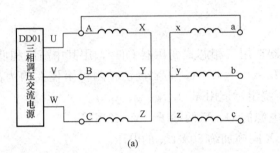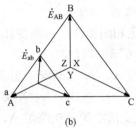

（a）　　　　　　　　　　　　　　　（b）

图 4-14　Yy0 联结组别

（a）接线图；（b）电动势相量图

表 4-16　　　　　　　　　　　　**Yy0 联结组别校验实验数据**

实 验 数 据					计 算 数 据			
U_{AB}(V)	U_{ab}(V)	U_{Bb}(V)	U_{Cc}(V)	U_{Bc}(V)	$K_L=\dfrac{U_{AB}}{U_{ab}}$	U_{Bb}(V)	U_{Cc}(V)	U_{Bc}(V)

根据 Yy0 联结组别的电动势相量图可知：

$$U_{Bb} = U_{Cc} = (K_L - 1) \times U_{ab}$$

$$U_{Bc} = U_{ab}\sqrt{K_L^2 - K_L + 1}$$

$$K_L = \frac{U_{AB}}{U_{ab}}$$

式中　K_L——线电压之比。

若用以上两式算出的电压 U_{Bb}、U_{Cc}、U_{Bc} 的数值与实验测取的数值相同，则表示绕组连接正确，属 Yy0 联结组别。

（2）Yy6。将 Yy0 联结组别的二次绕组首、末端标记对调，A、a 两点用导线连接，如图 4-15 所示。按前述方法测出电压 U_{AB}、U_{ab}、U_{Bb}、U_{Cc} 及 U_{Bc}，将数据记录于表 4-17 中。

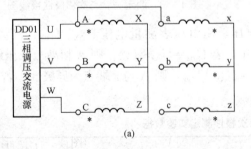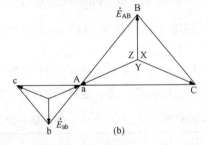

（a）　　　　　　　　　　　　　　　（b）

图 4-15　Yy6 联结组别

（a）接线图；（b）电动势相量图

表 4 - 17 Yy6 联结组别校验实验数据

实 验 数 据						计 算 数 据		
U_{AB} (V)	U_{ab} (V)	U_{Bb} (V)	U_{Cc} (V)	U_{Bc} (V)	$K_L = \dfrac{U_{AB}}{U_{ab}}$	U_{Bb} (V)	U_{Cc} (V)	U_{Bc} (V)

根据 Yy6 联结组别的电动势相量图可得

$$U_{Bb} = U_{Cc} = (K_L + 1) \times U_{ab}$$

$$U_{Bc} = U_{ab} \sqrt{(K_L^2 + K_L + 1)}$$

若两式计算出电压 U_{Bb}、U_{Cc}、U_{Bc} 的数值与实测相同，则绕组连接正确，属于 Yy6 联结组别。

（3）Yd11。按图 4 - 16 接线。A、a 两端点用导线连接，高压侧施加对称额定电压。测取 U_{AB}、U_{ab}、U_{Bb}、U_{Cc} 及 U_{Bc}，将数据记录于表 4 - 18 中。

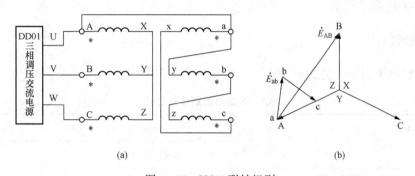

(a)   (b)

图 4 - 16 Yd11 联结组别

（a）接线图；（b）电动势相量图

表 4 - 18 Yd11 及 Yd5 联结组别校验实验数据

实 验 数 据						计 算 数 据		
U_{AB} (V)	U_{ab} (V)	U_{Bb} (V)	U_{Cc} (V)	U_{Bc} (V)	$K_L = \dfrac{U_{AB}}{U_{ab}}$	U_{Bb} (V)	U_{Cc} (V)	U_{Bc} (V)

根据 Yd11 联结组别的电动势相量可得

$$U_{Bb} = U_{Cc} = U_{Bc} = U_{ab} \sqrt{K_L^2 - \sqrt{3} K_L + 1}$$

若由上式计算出的电压 U_{Bb}、U_{Cc}、U_{Bc} 的数值与实验测取的数值相同，则表示绕组连接正确，属 Yd11 联结组别。

（4）Yd5。将 Yd11 联结组别的二次绕组首、末端的标记对调，如图 4 - 17 所示。高压侧施加对称额定电压，测取 U_{AB}、U_{ab}、U_{Bb}、U_{Cc} 和 U_{Bc}，将数据记录于与表 4 - 18 中。

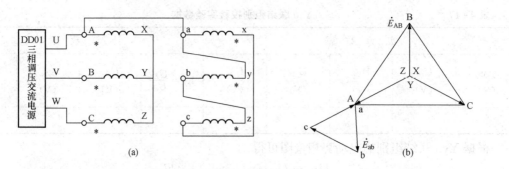

图 4 - 17　Yd5 联结组别

（a）接线图；（b）电动势相量图

根据 Yd5 联结组别的电动势相量图可得

$$U_{Bb} = U_{Cc} = U_{Bc} = U_{ab} \sqrt{K_L^2 + \sqrt{3}K_L + 1}$$

若由上式计算出的电压 U_{Bb}、U_{Cc}、U_{Bc} 的数值与实验测取的数值相同，则表示绕组连接正确，属于 Yd5 联结组别。

六　附表

变压器联结组别校核公式示于表 4 - 19 中。

表 4 - 19　　　　　　　　变压器联结组别校核公式　　　（设 $U_{ab}=1$，$U_{AB}=K_L U_{ab}=K_L$）

组别	$U_{Bb}=U_{Cc}$	U_{Bc}	U_{Bc}/U_{Bb}
0	K_L-1	$\sqrt{K_L^2-K_L+1}$	>1
1	$\sqrt{K_L^2-\sqrt{3}K_L+1}$	$\sqrt{K_L^2+1}$	>1
2	$\sqrt{K_L^2-K_L+1}$	$\sqrt{K_L^2+K_L+1}$	>1
3	$\sqrt{K_L^2+1}$	$\sqrt{K_L^2+\sqrt{3}K_L+1}$	>1
4	$\sqrt{K_L^2+K_L+1}$	K_L+1	>1
5	$\sqrt{K_L^2+\sqrt{3}K_L+1}$	$\sqrt{K_L^2+\sqrt{3}K_L+1}$	$=1$
6	K_L+1	$\sqrt{K_L^2+K_L+1}$	<1
7	$\sqrt{K_L^2+\sqrt{3}K_L+1}$	$\sqrt{K_L^2+1}$	<1
8	$\sqrt{K_L^2+K_L+1}$	$\sqrt{K_L^2-K_L+1}$	<1
9	$\sqrt{K_L^2+1}$	$\sqrt{K_L^2-\sqrt{3}K_L+1}$	<1
10	$\sqrt{K_L^2-K_L+1}$	K_L-1	<1
11	$\sqrt{K_L^2-\sqrt{3}K_L+1}$	$\sqrt{K_L^2-\sqrt{3}K_L+1}$	$=1$

本实验报告请扫描封面或目录中的二维码下载使用。

实验 4　变压器的极性与联结组别的测定 Ⅱ

一　实验目的

（1）掌握用实验方法测定三相变压器的极性。
（2）掌握用实验方法判别三相变压器的联结组别。

二　预习要点

（1）我国有哪几种标准的三相变压器联结组别？
（2）Yy0、Yd11 联结组别相量图分别是怎样的？

三　实验项目

（1）测定变压器一、二次侧绕组间的相对极性——极性测定。
（2）测定变压器各相绕组间的相对极性——绕向测定。
（3）测定 Yy0、Yd11 三相变压器的联结组别——联结组别测定。

四　实验仪器与设备

三相变压器、三相调压器、电气仪表、三相开关

五　实验方法

1．极性测定
（1）交流法。
1）按图 4 - 18（a）及（b）分别接线，在变压器一、二次侧绕组各端点上随意标上 AX 和 ax。

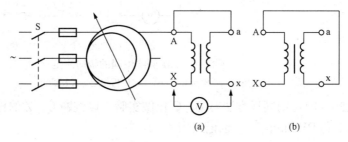

图 4 - 18　交流法测定变压器一、二次侧绕组间的相对极性
(a) A 与 a 相连；(b) A 与 x 相连

2）将 A 点和 a 点相接，调压器归零，合上电源开关 S，调节一次侧（高压侧）电压到 220V，用电压表测量电压 U_{AX}、U_{aX}、U_{Xx}、U_{ax} 的数值，记入表 4 - 20 中。如果 $U_{Xx} = U_{AX} - U_{ax} < U_{AX}$，表示端点 A 与端点 a 为同极性，这种标记的变压器称"减极性"变压器。如果 $U_{Xx} = U_{AX} + U_{ax} > U_{AX}$，表示端点 A 与端点 a 为异极性，这种标记的变压器称"加极性"变

压器。

表 4 - 20   **变压器一、二次侧绕组间的相对极性测定实验数据**

实验	电压(V)			
	U_{AX}	U_{aX}	U_{Xx}	U_{ax}
图 4 - 18（a）端点标记				
图 4 - 18（b）端点标记				

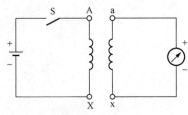

图 4 - 19　直接法测定变压器一、
二次侧绕组间的相对极性

（2）直接法。

1）按图 4 - 19 接线，变压器一次侧（高压侧）的端点 A 接电源正极，X 端接电源负极，二次侧（低压侧）的端头接检流计。

2）接通开关 S，在通电瞬间，注意观察检流计指针的偏转方向。如果检流计的指针正方向偏转，则表示变压器接电池正极的端头和接检流计正极的端头为同极性端；如果检流计的指针负方向偏转，则表示变压器接电池正极的端头和接检流计负极的端头为同极性端（电流从检流计正端流入时，指针正偏）。

2. 绕向的测定

（1）按图 4 - 20（a）接线，在变压器三相绕组的端点上随意标上 AX、BY 和 CZ。

（2）将 X、Y 两端点相接，调压器归零，合上电源开关 S，调节外施电压 $U_1 = 220$V，测取电压表 PV1 和 PV2 的读数，记入表 4 - 21 中。如 PV2 读数为 0，则表示 AX 和 BY 的标记正确；如 PV2 与 PV1 读数相同，则表示 AX 和 BY 的标记错了，应将 BY 的标记对换一下。

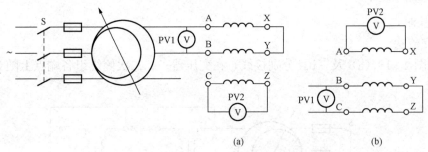

图 4 - 20　变压器一、二次侧绕组间的绕向测定
（a）A、B 相相连，C 相断开；（b）B、C 相相连，A 相断开

（3）按图 4 - 20（b），用同样方法对 B、C 相做实验，以判断 C、Z 的标记是否正确，将测得的电压表 PV1 和 PV2 的读数，也记入表 4 - 21 中。

表 4 - 21   **变压器一、二次侧绕组间绕向的测定实验数据**

通 电 端 头	电 压 测 量	
	PV1(V)	PV2(V)
AB		
BC		

3. Yy0、Yd11 三相变压器联结组别的测定
(1) 交流电压表法。

1) 按图 4-21 接线，将高压侧和低压侧两个相同的出线端（即 A 与 a）用导线相连，高压绕组接电源（即接调压器的输出端），做 Yy0 联结组别的测定。

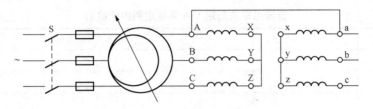

图 4-21 Yy0 三相变压器联结组别的测定

2) 将调压器归零，合上电源开关 S，逐步调节调压器的输出电压。将低压侧电压 U_{ab} 调到 100V，然后用电压表分别测量 U_{Bb}、U_{Bc}、U_{Cb}、U_{Cc} 及高压侧线电压 U_{AB} 值，并记入表 4-22 中。

表 4-22   **Yy0 三相变压器联结组别的测定实验数据**

电压比 $K=U_{AB}/U_{ab}$				
U_{Bb}(V)	U_{Bc}(V)	U_{Cb}(V)	U_{Cc}(V)	组别
				Yy0

3) 读取数值后，将电压降到零值，然后断开电源，按图 4-22 改变接线，做 Yd11 联结组别测定。

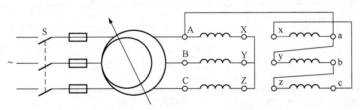

图 4-22 Yd11 三相变压器联结组别的测定

4) 同步骤 2) 对低压侧施加 100V 电压（即 $U_{ab}=100V$），然后用电压表分别测量电压 U_{Bb}、U_{Bc}、U_{Cb}、U_{Cc} 及高压侧线电压 U_{AB} 值，记入表 4-23 中。

表 4-23   **Yd11 三相变压器联结组别的测定实验数据**

电压比 $K=U_{AB}/U_{ab}$				
U_{Bb}(V)	U_{Bc}(V)	U_{Cb}(V)	U_{Cc}(V)	组别
				Yd11

(2) 直流感应法。

1) 按图 4-23 进行接线，高压侧接电源，低压侧接检流计，做 Yy0 联结组别测定。接线时应注意电源和检流计的极性必须正确，如表 4-24 所示。

2) 合上开关 S，将高压侧 AB 端接通电源，在接通瞬间注意观察低压侧三个检流计的摆动方向，同时测取三个检流计的读数并记于表 4-24 中。

3）同步骤 2）依次对高压侧 BC 端进行通电，并将低压侧三个检流计的读数记入表 4-20 中。将检流计的指示情况与表中已列出的极性规律进行对照，以判断所属联结组别。

4）按图 4-24 改变接线，重复上述实验，将检流计的读数记入表 4-25 中，将检流计的指示情况与表中已列出的极性规律进行对照以判断所属联结组别。

表 4-24　　　　　　　　　　　　**直流感应法测定 Yy0 联结组别实验数据**

组　　别	通电(高压侧)	测量(低压侧)		
	＋　－	a b	b c	a c
Yy0	A B	＋	－	＋
	B C	－	＋	＋
	A C	＋	＋	＋

注　有 "＋" 者表示大数，一般较其他两项大一倍左右。

表 4-25　　　　　　　　　　　　**直流感应法测定 Yd11 组别实验数据**

组　　别	通电(高压侧)	测量(低压侧)		
	＋　－	a b	b c	a c
Yd11	A B	＋	0	＋
	B C	－	＋	0
	A C	0	＋	＋

注　"＋" "－" 的数值相差较大，"0" 的数值一般为大数的 1/2 左右。

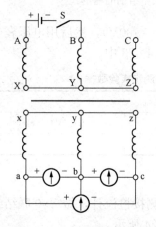

图 4-23　直流感应法测定
Yy0 联结组别

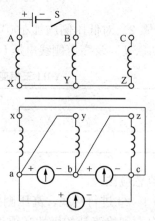

图 4-24　直流感应法测定
Yd11 联结组别

本实验报告请扫描封面或目录中的二维码下载使用。

实验 5　三相变压器的不对称短路

一　实验目的

（1）研究三相变压器几种不对称短路对一次侧电流、电压的影响。
（2）观察分析三相变压器不同绕组联结和不同铁芯结构对空载电流和电动势波形的影响。

二　预习要点

（1）在不对称短路情况下，哪种联结的三相变压器电压中点偏移较大？为什么？
（2）三相组式变压器绕组为什么不能带单相负载？

三　实验项目

（1）不对称短路。
1）Yyn0 单相短路。
2）Yy0 两相短路。
（2）测定 YNy 联结的变压器的零序阻抗。
（3）观察不同连接法和不同铁芯结构对空载电流和电动势波形的影响。

四　实验仪器与设备

DDSZ-1 实验台、单踪示波器
实验挂件及屏上排列顺序：D33、D32、D34-3、DJ12、DJ11、D51

五　实验方法

1．不对称短路
（1）Yyn0 联结单相短路。
1）三相芯式变压器。Yyn0 联结单相短路接线如图 4-25 所示，被试变压器选用三相芯式变压器。接通电源前，先将交流电压调到输出电压为零的位置，然后接通电源，逐渐增加外施电压，直至二次侧短路电流 $I_{2k} \approx I_{2N}$，测取二次侧短路电流和相电压、一次侧电流和电压，将数据记录于表 4-26 中。
2）三相组式变压器。被测变压器改为三相组式变压器，接通电源，逐渐

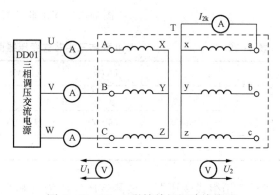

图 4-25　Yyn0 联结单相短路接线图

施加外加电压直至 $U_{AB}= U_{BC}= U_{CA}=220V$，测取二次侧短路电流和相电压、一次侧电流和电压，将数据记录于表 4 - 27 中。

表 4 - 26　　　　　　　**Yyn0 联结三相芯式变压器单相短路实验数据**

$I_{2k}(A)$	$U_a(V)$	$U_b(V)$	$U_c(V)$	$I_A(A)$	$I_B(A)$	$I_C(A)$
$U_A(V)$	$U_B(V)$	$U_C(V)$	$U_{AB}(V)$	$U_{BC}(V)$	$U_{CA}(V)$	

表 4 - 27　　　　　　　**Yyn0 联结三相组式变压器单相短路实验数据**

$I_{2k}(A)$	$U_a(V)$	$U_b(V)$	$U_c(V)$	$I_A(A)$	$I_B(A)$	$I_C(A)$
$U_A(V)$	$U_B(V)$	$U_C(V)$	$U_{AB}(V)$	$U_{BC}(V)$	$U_{CA}(V)$	

（2）Yy0 联结两相短路。

1）三相芯式变压器。如图 4 - 26 所示。将交流电源电压调至零位置。接通电源，逐渐增加外施电压，直至 $I_{2k} \approx I_{2N}$，测取变压器二次侧短路电流 I_{2k} 和相电压、一次侧电流和电压，将数据记录于表 4 - 28 中。

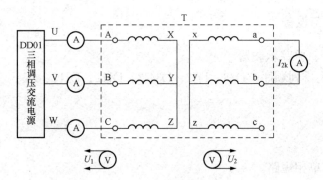

图 4 - 26　Yy0 联结两相短路接线图

表 4 - 28　　　　　　　**Yy0 联结三相芯式变压器两相短路实验数据**

$I_{2k}(A)$	$U_a(V)$	$U_b(V)$	$U_c(V)$	$I_A(A)$	$I_B(A)$	$I_C(A)$
$U_A(V)$	$U_B(V)$	$U_C(V)$	$U_{AB}(V)$	$U_{BC}(V)$	$U_{CA}(V)$	

2）三相组式变压器。被测变压器改为三相组式变压器，重复上述实验，测取数据记录于表 4 - 29 中。

表 4 - 29　　　　　　　　　**Y/Y 联结三相组式变压器两相短路实验数据**

$I_{2k}(A)$	$U_a(V)$	$U_b(V)$	$U_c(V)$	$I_A(A)$	$I_B(A)$	$I_C(A)$
$U_A(V)$	$U_B(V)$	$U_C(V)$	$U_{AB}(V)$	$U_{BC}(V)$	$U_{CA}(V)$	

2. 测定变压器的零序阻抗

(1) 三相芯式变压器。三相芯式变压器三相零序电流大小相等、相位相同，故可按图 4 - 27 接线。三相芯式变压器的高压绕组开路，三相低压绕组首末端串联后接到电源。接通电源前，调节调压旋钮，使三相交流电源的输出电压为零。接通交流电源，逐渐增加调压器输出电压，使输入三相绕组的电流 I_0 逐渐增加至 $0.25I_N$ 和 $0.5I_N$。记录两种电流情况下变压器的输入电流 I_0、外施电压 U_0 和功率 P_0，将数据记录于表 4 - 30 中。

表 4 - 30　**测定三相变压器的零序阻抗实验数据**

$I_0(A)$	$U_0(V)$	$P_0(W)$
$0.25I_N=$		
$0.5I_N=$		

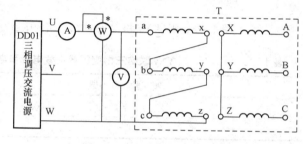

图 4 - 27　测零序阻抗接线图

(2) 三相组式变压器。由于三相组式变压器的各相磁路彼此独立，互不相关。因此可用三相组式变压器中任何一台单相变压器做空载实验，求取的励磁阻抗即为三相组式变压器的零序阻抗。若前面单相变压器空载实验已做过，该实验可略。

3. 观察三相芯式和三相组式变压器不同连接方法时空载电流和电动势的波形

(1) 三相组式变压器。

1) Yy 联结。按图 4 - 28 接线。三相组式变压器作 Yy 联结，把开关 S 打开（不接中线）。接通电源后，电源电压加于高压绕组。调节输入电压，用示波器观察变压器在 $0.5U_N$ 和 U_N 两种情况下的空载电流 i_0、二次侧相电动势 e_φ 和线电动势 e_L 的波形（Y 接法 $U_N=380V$）。

在变压器输入电压为额定值时，用电压表测取一次侧线电压 U_{AB} 和相电压 U_{AX}，将数据记录于表 4 - 31 中。

表 4 - 31　　　**观察 Yy 联结三相变压器空载电流和电动势波形的实验数据**

实 验 数 据		计 算 数 据
$U_{AB}(V)$	$U_{AX}(V)$	U_{AB}/U_{AX}

2) YNy 联结。实验接线仍与图 4 - 28 相同，合上开关 S，以接通中线，即为 YNy 接法。重复前述实验步骤，观察空载电流 i_0、二次侧相电动势 e_φ 和线电动势 e_L 波形，并在 $U_1=U_N$ 时测取 U_{AB} 和 U_{AX}，将数据记录于表 4 - 32 中。

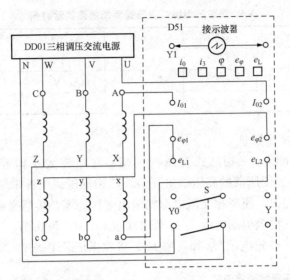

图 4 - 28　观察 Yy 和 YNy 联结三相变压器空载电流和电动势波形的接线图

表 4 - 33　　　　　　　　**YNy 联结三相变压器空载电流和电动势波形实验数据**

实 验 数 据		计 算 数 据
U_{AB}(V)	U_{AX}(V)	U_{AB}/U_{AX}

3）Yd 联结。按图 4 - 29 接线。开关 S 合向左边，使二次侧绕组不构成封闭三角形。接通电源，调节变压器输入电压至额定值，通过示波器观察二次侧空载电流 i_0、相电压 U_φ、二次侧开路电压 U_{az} 的波形，并用电压表测取一次侧线电压 U_{AB}、相电压 U_{AX} 以及二次侧开路电压 U_{az}，将数据记录于表 4 - 33 中。向右合上开关 S，使二次侧为三角形接法，重复前述实验步骤，观察 i_0、U_φ 以及二次侧三角形回路中谐波电流的波形，并在 $U_1 = U_{1N}$ 时，测取 U_{AB}、U_{AX} 以及二次侧三角形回路中谐波电流 I，将数据记录于表 4 - 34 中。

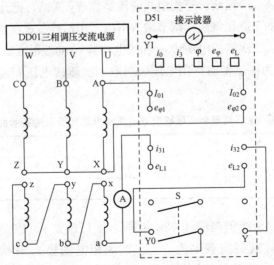

图 4 - 29　观察 Yd 联结三相变压器空载电流三次谐波电流和电动势波形的接线图

表 4 - 33	观察 Yd 联结三相变压器空载电流三次谐波电流 和电动势波形实验数据 (S 断开)		
实 验 数 据			计 算 数 据
$U_{AB}(V)$	$U_{AX}(V)$	$U_{az}(V)$	U_{AB}/U_{AX}

表 4 - 34	观察 Yd 联结三相变压器空载电流三次谐波电流和 电动势波形实验数据 (S 闭合)		
实 验 数 据			计 算 数 据
$U_{AB}(V)$	$U_{AX}(V)$	$I(V)$	U_{AB}/U_{AX}

（2）选用三相芯式变压器。重复前述 1）、2）、3）波形实验，将不同铁芯结构所得的结果作分析比较（三相芯式变压器高压绕组为 Y 接法时 $U_N = 220V$）。

 本实验报告请扫描封面或目录中的二维码下载使用。

实验 6　三相变压器的并联运行

一　实验目的

学习三相变压器投入并联运行的方法并了解阻抗电压对负载分配的影响。

二　预习要点

（1）三相变压器并联运行的条件；不同联结组并联后会出现什么结果。
（2）阻抗电压对负载分配的影响。

三　实验项目

（1）将两台三相变压器空载投入并联运行。
（2）阻抗电压相等的两台三相变压器并联运行。
（3）阻抗电压不相等的两台三相变压器并联运行。

四　实验仪器与设备

DDSZ-1 实验台
屏上挂件排列顺序：D33、D32、DJ12、D51、D43、D41

五　实验方法

实验线路如图 4 - 30 所示，图中变压器 T1 和 T2 同型号、同容量，选用 DJ12 三相芯式变压器，其低压绕组不用。由实验 3 确定三相变压器一、二次侧极性后，根据变压器的铭牌接成 Yy 接法。将两台变压器的高压绕组并连接电源，中压绕组经开关 S1 并联后，再由开关 S2 接负载电阻 R_L。R_L 选用 D41 上 180Ω 阻值的，共 3 组。为了人为地改变变压器 T2 的阻抗电压，在变压器 T2 的二次侧串入电抗 X_L（或电阻 R）。X_L 选用 D43，要注意选用 R_L 和 X_L（或 R）的允许电流应大于实验时实际流过的电流。

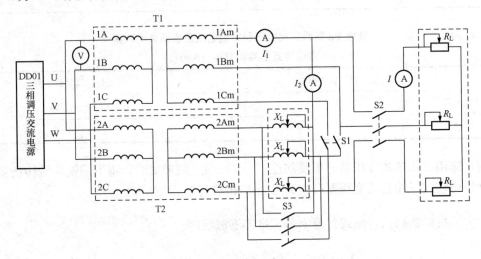

图 4-30　三相变压器并联运行接线图

1. 两台三相变压器空载投入并联运行的步骤

（1）检查变比和联结组别。接通电源前，先断开 S1、S2，合上 S3 以短接用于人为改变变压器 T2 短路阻抗的可调电抗器 X_L。然后接通电源，调节调压器的输出电压使变压器一次电压为额定电压。用电压表测量两台变压器的二次侧电压，若电压相等，则变比相同。用电压表测量两台变压器二次绕组对应相的两端点间的电压，若电压均为零，则联结组别相同。反之则联结组别不同，需重新调接任一台变压器二次绕组的端点连接，保证两台变压器联结组别相同后再投入并联运行。

（2）投入并联运行。在验证两台三相变压器的变比相等和联结组别相同后，合上开关 S1，即投入并联运行。

2. 阻抗电压相等的两台三相变压器并联运行

投入并联运行后，保持变压器一次电压 $U_1 = U_{1N}$ 不变。合上负载开关 S2，调节负载电阻 R_L，逐次增加负载电流，每次测量负载电流 I 和两台变压器的输出电流 I_1、I_2，直至其中一台输出电流达到额定值。共测取数据 6~7 组，记录于表 4-35 中。

表 4-35　　　　阻抗电压相等的两台三相变压器并联运行实验数据

序号	1	2	3	4	5	6
I_1(A)						
I_2(A)						
I(A)						

3. 阻抗电压不相等的两台三相变压器并联运行

断开开关 S3，把可调电抗器串入变压器 T2 的二次绕组以人为改变短路阻抗，同时调节电抗器为适当值。重复前述实验，逐步增加负载电流至其中一台变压器输出电流达到额定值。每次测取负载电流 I 和两台变压器的输出电流 I_1、I_2，共取数据 6～7 组记录于表 4-36 中。

表 4-36　　　　　　　阻抗电压不相等的两台三相变压器并联运行实验数据

序号	1	2	3	4	5	6
$I_1(A)$						
$I_2(A)$						
$I(A)$						

 本实验报告请扫描封面或目录中的二维码下载使用。

第五章 异 步 电 机

实验 1 三相异步电动机的启动与调速 I

一 实验目的

通过实验掌握异步电动机启动与调速的方法。

二 预习要点

(1) 三相异步电动机有哪几种主要启动方法？比较它们的优缺点。
(2) 三相异步电动机有哪几种主要调速方法？比较它们的优缺点。

三 实验项目

(1) 直接启动。
(2) 星形—三角形（Y-d）换接启动。
(3) 自耦变压器启动。
(4) 线绕式异步电动机转子绕组串入可变电阻器启动。
(5) 线绕式异步电动机转子绕组串入可变电阻器调速。

四 实验仪器与设备

DDSZ-1 型电机实验台、DD03、DJ23、DJ16、DJ17、DJ17-1
挂件排列顺序：D33、D32、D51、D31、D43

五 实验方法

1. 三相鼠笼式异步电动机直接启动

按图 5-1 接线。电动机绕组为 d 形接法。电流表用 D32 上的指针表。

(1) 调压器归零，按下启动按钮，接通三相交流电源。调节调压器，使输出电压达电动机额定电压 220V，电机启动旋转，观察电动机旋转方向是否符合要求。

(2) 断开三相交流电源，待电动机完全停止旋转后，按下启动按钮，接通三相交流电源，使电动机全压启动，观察电动机启动瞬间的电流最大值。

(3) 断开电源开关，将调压器调至零位，电机轴伸端装上圆盘（圆盘直径为 10cm）和弹簧秤。

(4) 合上开关，调节调压器，使电动机电流为 2~3 倍额定电流，读取电压 U_k、电流 I_k，转矩 T_k（圆盘半径乘以弹簧秤力）记于表 5-1。试验时通

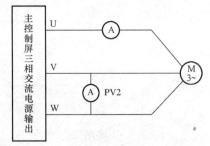

图 5-1 异步电动机直接启动实验接线图

电时间不应超过 10s，以免绕组过热。对应于额定电压时的启动电流 I_{st} 和启动转矩 T_{st} 按下式计算：

$$T_k = F \times \frac{D}{2}$$

$$I_{st} = \frac{U_N}{U_k} \times I_k$$

$$T_{st} = \frac{I_{st}^2}{I_k^2} \times T_k$$

式中　I_k——启动试验时的电流，A；

　　　T_k——启动试验时的转矩，N·m。

表 5 - 1　　　　　　三相鼠笼式异步电动机直接启动实验数据

测　量　值			计　算　值		
$U_k(V)$	$I_k(A)$	$F(N)$	$T_k(Nm)$	$I_{st}(A)$	$T_{st}(Nm)$

2. 星形—三角形（Y-d）启动

三相鼠笼式异步电动机星形—三角形启动实验按图 5 - 2 接线。开关 S 选用 D51 上的三刀双掷开关。

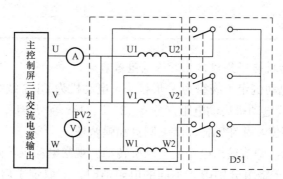

图 5 - 2　三相鼠笼式异步电动机星形—三角形启动实验接线图

（1）调压器归零，三刀双掷开关合向右边（Y 形接法）。合电源开关，逐渐调节调压器升压至电动机额定电压 220V，电动机旋转。然后断开电源，待电动机停转。合电源开关，观察启动瞬间电流最大值，并记录于表 5 - 2。然后把 S 合向左边，使电动机（d 形）正常运行，整个启动过程结束。

表 5 - 2　　　　　　三相鼠笼式异步电动机星形—三角形启动实验数据

降压启动电流 I_{stY}	I_{stY}/I_N	全压启动电流 I_{std}	I_{std}/I_N

（2）断开电源开关，待电动机停转后，三刀双掷开关合向左边（d 形接法）。合电源开关，使电动机在全电压下启动。记录启动瞬间电流最大值于表 5 - 2，并将两种情况下的启动电流加以比较。I_N 为三相异步电动机的额定电流。

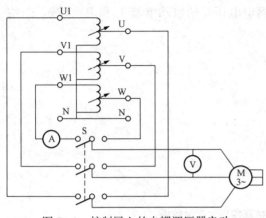

图 5-3　控制屏上的自耦调压器启动

3. 自耦变压器降压启动

按图 5-3 接线。自耦变压器用控制屏上的调压器，电机选用 DJ16（按 Y 形接法）。

（1）将控制屏左侧调压旋钮逆时针旋转到底，使输出电压为零。开关 S 合向右边。

（2）按下启动按钮，接通交流电源，缓慢旋转控制屏左侧的调压旋钮，使三相调压输出端输出电压分别达到额定电压值的 40%、60%、80% 和 100% 进行启动，记录每次启动瞬间电流于表 5-3 以作比较。I_N 为三相异步电动机的额定电流。

表 5-3　　　　　　　　　三相鼠笼式异步电动机自耦变压器降压启动实验数据

	序号	1	2	3	4
启动电压	40%U_N				
	60%U_N				
	80%U_N				
	100%U_N				
启动电流 I_{st}					
I_{st}/I_N					

4. 线绕式异步电动机转子绕组串入可变电阻器启动

按图 5-4 接线，电动机定子绕组为 Y 形接法。电动机为 DJ17 线绕式异步电动机。调节电阻采用 DJ17-1 的绕线电动机启动电阻（分 0、2、5、15、∞五挡）。

（1）调压器退到零位，并在轴伸端装上圆盘和弹簧秤。

（2）接通交流电源，调节输出电压使电动机转动。观察电动机转向是否符合要求。在定子电压为 180V 时，转子绕组分别串入不同的电阻值时，测取定子启动电流 I_{st} 和转矩 T_{st}，记入表 5-4 中。

注意：实验时通电时间不应超过 10s 以免绕组过热。

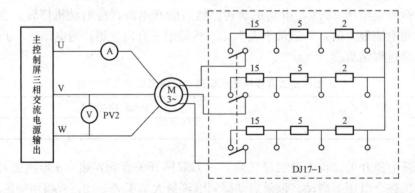

图 5-4　三相绕线式异步电动机转子绕组串电阻启动实验接线图

表 5 - 4	三相绕线式异步电动机转子绕组串电阻启动实验数据			$(U=180\ V)$
$R_{st}(\Omega)$	0	2	5	15
$I_{st}(A)$				
$T_{st}(Nm)$				

5. 三相绕线式异步电动机转子绕组串入可变电阻器调速

实验线路图同图 5 - 4。同轴连接校正直流测功机 MG 作为线绕式异步电动机 M 的负载，MG 的实验电路参考第三章图 3 - 12 接线。电路接好后，将 M 的转子附加电阻调至最大。

（1）合上电源开关，电机空载启动，保持调压器的输出电压为电动机额定电压 220V，将转子附加电阻调至零。

（2）合上励磁电源开关，调节校正直流测功机的励磁电流 I_{fG} 为校正值（100mA），再调节校正直流测功机负载电流 I_L，使电动机输出功率接近额定功率并保持此时的输出转矩 T_2 不变，改变转子附加电阻（每相附加电阻分别为 0、2、5、15Ω），测相应的转速并记录于表 5 - 5 中。

表 5 - 5	三相绕线式异步电动机转子绕组串电阻器调速实验数据			
			$(U=220V$，$T_2=$____ Nm)	
R_{st}（Ω）	0	2	5	15
n（r/min）				

 本实验报告请扫描封面或目录中的二维码下载使用。

实验 2　三相异步电动机的启动与调速 Ⅱ

一　实验目的

掌握三相异步电动机的启动与调速方法。

二　预习要点

（1）三相异步电动机启动的概念。

（2）三相异步电动机的主要调速方法有哪几种？

（3）启动电流、启动转矩与启动电压的关系如何？

三　实验项目

（1）三相鼠笼式异步电动机的降压启动。

1）星形—三角形（Y-d）降压启动。

2）自耦变压器降压启动。

3）串电抗降压启动。

（2）三相绕线式异步电动机的转子串电阻启动。

（3）三相绕线式异步电动机的转子串电阻调速。

四 实验仪器与设备

三相鼠笼式异步电动机、三相绕线式异步电动机、自耦变压器、电抗器、三相变阻器、电气仪表、转速表

五 实验方法

（1）星形—三角形启动。

1）实验接线如图5-5所示。将S2合到"Y（启动）"位置，然后合上S1，此时电动机以星形连接启动。待电动机转速达到稳定后，再迅速地将S2倒换到"d（运行）"位置，电动机便以三角形连接接于电网运行。记录合上S1瞬间的启动电流数值于表5-6中。

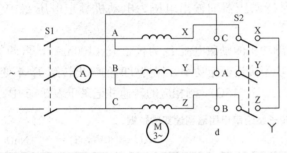

2）断开开关S1，待电动机停转后，将S2合到"d（运行）"位置，再合上S1，使电动机在全电压下启动，记录启动电流数值于表5-6中，并将两种情况下的启动

图5-5 三相鼠笼式异步电动机星形—三角形启动

电流加以比较。I_N为三相异步电动机的额定电流。

表5-6　　　　　　三相鼠笼式异步电机星形—三角形启动实验数据

降压启动电流 I_{stY}	I_{stY}/I_N	全压启动电流 I_{std}	I_{std}/I_N

（2）自耦变压器降压启动。

1）实验接线如图5-6所示，S1、S2、S3处于断开位置。将自耦变压器调到刻度盘上200V的位置。合上S3，再合上S1，电动机在降低电压的情况下启动。记录降压启动时的启动电流的数值于表5-7中。当电动机转速达到稳定后，断开S3，同时立即合上S2，此时电动机即在全电压下运行（注意先断开S3，才能合上S2，否则会造成自耦变压器短路而损坏设备）。

2）断开S1、S2将自耦变压器调节把手至刻度盘上300V的位置上，重复上述实验，并记录降压启动时的启动电流于表5-7中。

3）断开S3，合上S1、S2。记录在全电压下启动时的启动电流于表5-7中，并加以比较。

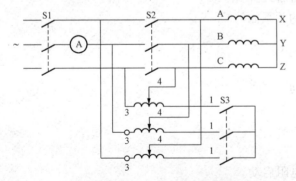

图5-6 三相鼠笼式异步电动机自耦变压器降压启动

表5-7 三相鼠笼式异步电动机自耦变压器降压启动实验数据

序号		1	2	3
启动电压	200V			
	300V			
	380V（全电压）			
启动电流 I_{st}				
I_{st}/I_N				

（3）串电抗降压启动。

1）实验接线如图 5-7 所示。合上电源开关 S1，此时电动机定子绕组通过电抗线圈接入电网。当电动机转速达到稳定后，再合上 S2，电动机就在全电压下运行，在启动电动机瞬间，观察电动机的启动电流，并记入表 5-8 中。

2）先合上 S2，再合上 S1，电动机便在全电压下启动，记录启动电流于表 5-8 中。

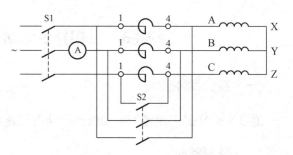

图 5-7　串电抗降压启动

表 5-8　　　　　　　　　　串电抗降压启动实验数据

串电抗降压启动电流	I_{st}/I_N	全电压启动电流	I_{st}/I_N

（4）三相绕线式异步电动机的转子串电阻启动。实验接线如图 5-8 所示，S2 断开。先将转子回路中的启动电阻 R 放在最大电阻值位置，然后合上三相电源开关 S1。启动电动机，观察启动电流的大小，记入表 5-9 中，然后逐步减少电阻 R 直到全部切除，启动完毕。

（5）三相绕线式异步电动机的转子串电阻调速。按上述方法将电动机启动后，调节 R_{fG} 给直流发电机建立电压至额定电压左右。合上 S2，给电动机加上一定负载，记录此时发电机的励磁电流 I_{fG} 和负载电流 I_L。改变转子电阻 R 的大小进行调速，读取 3 个不同（80%、50%、20%）电阻值相对应的转速，记入表 5-9 中。

表 5-9　　　　三相绕线式异步电动机的转子串电阻启动和调速实验数据

全电阻启动电流 I_{st}	80%电阻时的转速	50%电阻时的转速	20%电阻时的转速

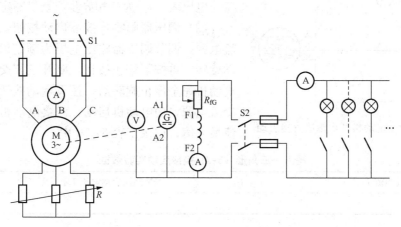

图 5-8　三相绕线式异步电动机的转子串电阻启动和调速接线图

本实验报告请扫描封面或目录中的二维码下载使用。

实验 3　三相异步电动机的启动与调速 Ⅲ

实验目的

通过实验掌握三相异步电动机的启动与调速的方法。

预习要点

（1）异步电动机有哪些启动方法与启动技术指标？
（2）异步电动机的启动与调速的概念。

实验项目

（1）星形—三角形（Y-d）换接启动。
（2）自耦调压器降压启动。
（3）三相鼠笼式异步电动机调压调速。
（4）三相鼠笼式异步电动机变频调速。

实验仪器与设备

THHDZ-3 型大功率实验装置、三相鼠笼式异步电动机＋直流发电机、数字转速表。

实验方法

1. 星形—三角形（Y-d）换接启动

（1）按图 5 - 9 接线，电动机绕组为 d 形接法。异步电动机直接与测速发电机同轴连接，电流、电压表可用仪表主面板上的任一只交流电流、电压表。I_N 为三相异步电动机额定电流。

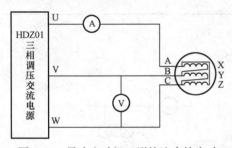

图 5 - 9　异步电动机 d 形接法直接启动

（2）调压器归零，按下启动按钮，接通三相交流电源。调节调压器输出电压为额定值，使电机启动旋转。再按下停止按钮，断开三相交流电源，待电动机完全停止旋转后，按下启动按钮，接通三相交流电源，使电动机启动，观察电动机启动瞬间电流最大值，记录于表 5 - 10 中。

表 5 - 10　　　　　　　　　**星形—三角形（Y-d）换接启动实验数据**

d 启动电流 I_{std}	I_{std}/I_N	Y 降压启动电流 I_{stY}	I_{stY}/I_N

（3）按图 5 - 10 接线，电动机绕组为 Y 形接线。调压器归零位，开启电源总开关，按下启动按钮，接通三相交流电源。调节调压器输出电压为额定值，使电动机启动旋转。

（4）再按下停止按钮，断开三相交流电源，待电动机完全停止旋转后，按下启动按钮，接通三相交流电源使电动机降压启动，观察电动机启动瞬间电流最大值，记录于表 5 - 10 中。

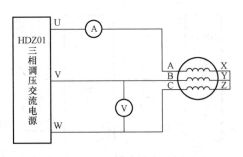

图 5 - 10 三相鼠笼式异步电动机 Y 形接法降压启动

2. 自耦调压器降压启动

（1）按图 5 - 10 接线，调压器归零，开启电源总开关，接通三相交流电源，按下启动按钮。调节调压器，使输出电压为 200V，使电动机启动旋转。再按下停止按钮，断开三相交流电源，待电动机完全停止旋转后，接通三相交流电源，按下启动按钮，电动机启动，观察电动机启动瞬间电流最大值，记录于表 5 - 11 中。

（2）重复上述步骤，使输出电压分别为 150V 和 100V，观察电动机启动瞬间电流最大值并记录于表 5 - 11 中。

表 5 - 11 自耦调压器降压启动实验数据

序号		1	2	3
启动电压	200V			
	150V			
	100V			
启动电流 I_{st}				
I_{st}/I_N				

3. 自耦调压器调压调速

按图 5 - 10 接线，电动机绕组为 Y 形接法。三相异步电动机 M 和直流发电机 MG 同轴连接（MG 的接线参照图 3 - 11 右），R_L 选用单相负载，三相调压器归零。合上电源开关，逐渐升高电压，启动电动机，调节调压器使输出电压等于额定电压，增加电动机负载接近于额定负载。记录此时电动机定子电压 U、定子电流 I 和转速 n 等数据。然后降低输出电压，每一次改变三相电源电压都要保持电动机负载不变，记录上述数据 7～9 组于表 5 - 12 中，其额定电压点必测。改变电动机负载，重复以上实验。测完数据后按下"停止"按钮，三相调压器退回零位。

表 5 - 12 自耦调压器调压调速实验数据

序号	1	2	3	4	5	6	7	8	9
$U(V)$									
$n(r/min)$									
$I(A)$									

4. 变频调速

（1）如图 5 - 11 所示接线，电动机选用三相鼠笼式异步电动机（按 Y 形接法）。三相调压器旋钮逆时针旋转到底，使输出电压为零。

（2）按下"启动"按钮，接通交流电源，启动电动机。缓慢调节三相调压器调压旋钮，

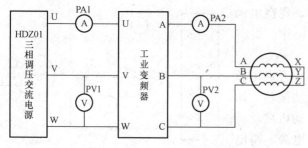

图 5 - 11　变频调速实验接线

使三相调压器输出端输出电压为 380V。

（3）按"RUN"键启动变频器，调节变频器的输出频率启动电动机，在 0～50Hz 范围内读取电动机的端电压 U、电压频率 f 和对应频率的电动机转速 n，测 11 组记录于表 5 - 13 中。

表 5 - 13　　　　　　　　　　　变频调速实验数据

序号	1	2	3	4	5	6	7	8	9	10	11
f（Hz）											
U（V）											
n（r/min）											

 本实验报告请扫描封面或目录中的二维码下载使用。

实验 4　三相异步电动机的空载、短路与工作特性

一　实验目的

（1）掌握三相异步电动机的空载、堵转与负载试验的方法。
（2）用直接负载法测取三相鼠笼式异步电动机的工作特性。
（3）测定三相鼠笼式异步电动机的参数。

二　预习要点

（1）异步电动机的工作特性指哪些特性？
（2）异步电动机的等效电路有哪些参数？它们的物理意义是什么？
（3）工作特性和参数的测定方法。

三　实验项目

（1）测量定子绕组的冷态直流电阻。
（2）判定定子绕组的首末端。
（3）空载实验。
（4）短路（堵转）实验。
（5）工作特性实验。

四　实验仪器与设备

方法一　DDSZ-1 型电机实验台、DD03、DJ23、DJ16

屏上挂件排列顺序：D33、D32、D34-3、D31、D42、D51

方法二 三相异步电动机＋直流发电机、电气仪表、转速表、三相调压器

方法三 THHDZ-3 型电机实验台、三相鼠笼式异步电动机＋直流发电机、数字转速表、三相可调负载、堵转装置

五 实验方法

（一）方法一

1．测量定子绕组的冷态直流电阻

将电动机在室内放置一段时间，用温度计测量电动机绕组端部或铁芯的温度。当所测温度与冷却介质温度之差不超过 2℃ 时，即为实际冷态。记录此时的温度和测量定子绕组的直流电阻，此阻值即为冷态直流电阻。

（1）伏安法。三相交流绕组电阻测定实验接线如图 5-12 所示。直流电源用主控屏上的电枢电源，可先调到 50V 输出电压。开关 S1、S2 选用 D51 挂箱，R 用 D42 挂箱上的 1800Ω 可调电阻。

量程的选择：测量时通过的测量电流约为电动机额定电流的 10%，即为 50mA，因而直流电流表的量程用 200mA 挡。三相鼠笼式异步电动机定子一相绕组的电阻约为 50Ω，因而当流过的电流为 50mA 时两端电压约为 2.5V，所以直流电压表量程用 20V 挡。

实验开始前，把 R 调至最大位置，合上开关 S1，断开开关 S2。调节直流电源及

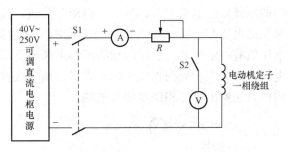

图 5-12 三相交流绕组电阻测定

R 值使试验电流不超过电动机额定电流的 10%，以免因试验电流过大而引起绕组的温度上升，读取电流值，再接通开关 S2 读取电压值。读完后，先断开开关 S2，再断开开关 S1。

调节 R 使电流表分别为 50mA、40mA、30mA 测取三次，取其平均值，测量定子三相绕组的电阻值，记录于表 5-14 中。

表 5-14　　　　　　　　测量定子绕组相电阻实验数据　　　　　　　（室温＿＿℃）

序号	绕组 I			绕组 II			绕组 III		
I(mA)									
U(V)									
R(Ω)									

注意事项：

1）在测量时，电动机的转子须静止不动。

2）测量通电时间不应超过 1min。

（2）电桥法。用单臂电桥测量电阻时，应先将刻度盘旋到与电桥大致平衡的位置。然后按下电源按钮，接通电源，等电桥中的电源达到稳定后，方可按下检流计按钮接入检流计。测量完毕，应先断开检流计，再断开电源，以免检流计受到冲击。数据记录于表 5-15 中。

电桥法测定绕组直流电阻的准确度及灵敏度高，并有直接读数的优点。

表 5 - 15　　　　　　　电桥法测量定子绕组相电阻实验数据　　　　　　　（室温＿＿℃）

序号	绕组 I	绕组 II	绕组 III
$R(\Omega)$			

由实验直接测得每相电阻，此值为实际冷态电阻值。冷态温度为室温。按下式换算到基准工作温度时的定子绕组相电阻

$$r_{1\text{ref}} = r_{1\text{C}} \frac{235 + \theta_{\text{ref}}}{235 + \theta_{\text{C}}}$$

式中　$r_{1\text{ref}}$——换算到基准工作温度时定子绕组的相电阻，Ω；

　　　$r_{1\text{C}}$——定子绕组的实际冷态相电阻，Ω；

　　　θ_{ref}——基准工作温度，对于 B 级绝缘为 80℃；

　　　θ_{C}——实际冷态时定子绕组的温度，℃。

2. 判定定子绕组的首末端

先用万用表测出各相绕组的两个线端，将其中的任意两相绕组串联，如图 5-13 所示。将调压器旋钮退至零位，按下"启动"按钮，接通交流电源。调节调压旋钮，在绕组端施以单相低电压 U＝80～100V。注意电流不应超过额定值，测出第三相绕组的电压。如测得的电压值有一定读数，表示两相绕组的末端与首端相连，如图 5-13（a）所示。反之，如测得电压近似为零，则两相绕组的末端与末端（或首端与首端）相连，如图 5-13（b）所示。用同样方法测出第三相绕组的首末端。

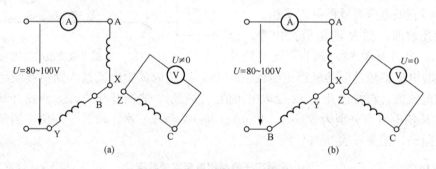

图 5-13　三相交流绕组首末端测定

(a) 绕组首末端相连；(b) 绕组末（首）端相连

3. 空载实验

(1) 按图 5-14 接线。电动机绕组为 d 形接法（U_N＝220V），直接与测速发电机同轴连接，不连接校正直流测功机 DJ23。R_{fG} 选用 D42（1800Ω），R_L 选用 D42（2250Ω），S 断开。

(2) 把交流调压器调至电压最小位置，接通电源，逐渐升高电压，使电机启动旋转，观察电机旋转方向。并使电机旋转方向为正转（如转向不符合要求需调整相序时，必须切断电源）。

(3) 保持电动机在额定电压下空载运行数分钟，使机械损耗达到稳定后再进行试验。

(4) 调节电压由 1.2 倍额定电压开始逐渐降低，直至电流或功率显著增大。在此范围内读取空载电压、空载电流、空载功率。

(5) 在测取空载实验数据时，在额定电压附近多测几点，共取数据 7～9 组，记录于表 5-16 中。

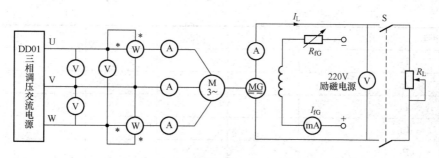

图 5 - 14　三相鼠笼式异步电动机实验接线图

表 5 - 16　　　　　　　　　　　三相异步电动机空载实验数据

序号		1	2	3	4	5	6	7	8
U_{0L}(V)	U_{AB}								
	U_{BC}								
	U_{CA}								
	U_{0L}								
I_{0L}(A)	I_A								
	I_B								
	I_C								
	I_{0L}								
P_0(W)	P_1								
	P_2								
	P_0								
$\cos\varphi_0$									

4. 短路实验

（1）测量接线图同图 5 - 14。用制动工具把三相电动机堵住。

（2）调压器归零，按下启动按钮，接通交流电源。调节调压器旋钮使之逐渐升压至短路电流到 1.2 倍额定电流，再逐渐降压至 0.3 倍的额定电流。

（3）在此范围内读取短路电压、短路电流、短路功率，共取数据 5～6 组，记录于表 5 - 17 中。

表 5 - 17　　　　　　　　　　　三相异步电动机短路（堵转）实验数据

序号		1	2	3	4	5	6
U_{kL}(V)	U_{AB}						
	U_{BC}						
	U_{CA}						
	U_{kL}						

续表

序号		1	2	3	4	5	6
$I_{kL}(A)$	I_A						
	I_B						
	I_C						
	I_{kL}						
$P_k(W)$	P_1						
	P_2						
	P_k						
	$\cos\varphi_k$						

5. 工作特性实验

（1）按图 5 - 14 接线。合上交流电源，调节调压器使之逐渐升压至额定电压并保持不变。

（2）合上校正过的直流发电机的励磁电源，调节励磁电流 I_{fG} 至校正值（100mA）并保持不变。

（3）合上开关 S，调节负载电阻 R_L（先调节 1800Ω 电阻，调至零值后用导线短接再调节 450Ω 电阻），使异步电动机的定子电流逐渐上升，直至电流上升到 1.25 倍额定电流。

（4）从这一负载开始，逐渐减小负载直至空载（即断开开关 S），在此范围内读取异步电动机的定子电流、输入功率、转速、校正直流测功机的负载电流 I_L 等数据 6～8 组，记录于表 5 - 18 中。

表 5 - 18　　　　　　　　　　　**三相异步电动机工作特性实验数据**

[$U_1 = U_{1N} = 220V$ (d)，$I_{fG} = $ ____ mA]

序号		1	2	3	4	5	6	7
$I_{1L}(A)$	I_A							
	I_B							
	I_C							
	I_{1L}							
$P_1(W)$	P_I							
	P_{II}							
	P_1							
	$I_L(A)$							
	$T_2(Nm)$							
	n (r/min)							

（二）方法二

1. 伏安法测量定子绕组的冷态直流电阻

（1）按图 5-15 接线。将定子三相绕组串联，滑线电阻接成分压式，取一个小电压加到绕组上（通过绕组的电流不要过大，一般取 $10\% \, I_N$），测取三个不同的电压电流值，记于表 5-19 中，同时记下室温。

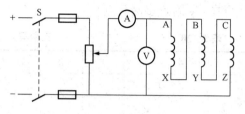

图 5-15　三相交流绕组电阻的测定接线图

（2）根据 $R=U/I$ 的三个不同阻值，取其平均值的 $1/3$，并应换算到 75℃ 的基准值。

表 5-19	测量定子绕组相电阻		（室温___℃）
序号	1	2	3
电压（V）			
电流（A）			
三相串联电阻（Ω）			
一相平均值（Ω）			

2. 空载实验

（1）三相异步电动机实验接线如图 5-16 所示。三相异步电动机定子绕组连接方式为 Y 或△形均可以。图中功率表为低功率因数功率表。功率表前置。

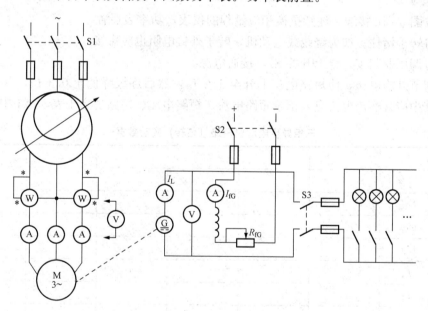

图 5-16　三相异步电动机实验接线图

（2）S2、S3 断开，在电机空载的情况下，合上电源开关 S1，用调压器逐渐升高电压，使电动机缓慢启动。保持电动机在额定电压下空载运行数分钟，待机械摩擦稳定后再进行实验。对绕线式异步电动机空载实验时转子绕组外接电阻应短接。

（3）调节外施电压由 $1.2\,U_N$ 逐渐单向降低，直到转差率显著增大、定子电流开始回升为止。每次均测量空载电压、空载电流和空载功率，共取读数 7～9 组，记入表 5-20 中。

注意在 U_N 附近多测几点。

表 5 - 20　　　　　　　　　　　　　三相异步电动机空载实验数据

序号		1	2	3	4	5	6	7	8	9	10
$U_{0L}(V)$	U_{AB}										
	U_{BC}										
	U_{CA}										
	U_{0L}										
$I_{0L}(A)$	I_A										
	I_B										
	I_C										
	I_{0L}										
$P_0(W)$	P_1										
	P_2										
	P_0										
	$\cos\varphi_0$										

3. 短路实验

(1) 按图 5 - 16 接线。注意更换相应量程的仪表，功率表后置。

(2) 将转子堵住。如为绕线式电动机，转子外接电阻也应短接。

(3) 将调压器归零，合上开关 S1，接通电源。

(4) 调节外施电压，使短路电流上升至 $1.2\,I_N$，然后逐级降低至 $0.3\,I_N$，共读取 $5\sim6$ 组数据，其中应含额定电流点，记录短路电流、短路电压、短路功率于表 5 - 21 中。

表 5 - 21　　　　　　　　　　　三相异步电动机短路（堵转）实验数据

序号		1	2	3	4	5	6
$U_{kL}(V)$	U_{AB}						
	U_{BC}						
	U_{CA}						
	U_{kL}						
$I_{kL}(A)$	I_A						
	I_B						
	I_C						
	I_{kL}						
$P_k(W)$	P_1						
	P_2						
	P_k						
	$\cos\varphi_k$						

注意：此项实验动作要快，以防绕组发热。

4. 工作特性实验

（1）按图 5-16 接线。合上开关 S1，降压启动异步电动机，待电动机转速稳定后，升高电压至额定电压，并在整个实验过程中保持外施电压等于异步电动机额定电压。

（2）合上开关 S2 和 S3，逐渐增大直流发电机负载，使电动机负载电流上升到 $1.2 I_N$，然后在保持电动机外施电压为额定电压的情况下，调节直流发电机励磁电流 I_{fG} 到额定值，并保持不变。直流发电机励磁电流的额定值是指直流发电机额定功率、额定电压下的励磁电流。

（3）逐渐减小负载直至空载，在此范围内读取异步电动机的定子电流、输入功率、转速以及直流发电机的负载电流数据 5～7 组，记入表 5-22 中。注意在额定电流附近多测几点。

表 5-22　　　　　　　　三相异步电动机工作特性实验数据

（$U_1 = U_{1N} =$ ＿＿ V, $I_{fG} =$ ＿＿ mA）

序号		1	2	3	4	5	6	7
I_{1L}(A)	I_A							
	I_B							
	I_C							
	I_{1L}							
P_1(W)	P_I							
	P_{II}							
	P_1							
I_L(A)								
T_2(Nm)								
n(r/min)								

（三）方法三

1. 测量定子绕组的冷态电阻（略）

2. 判定定子绕组的首末端（略）

3. 空载实验

（1）按图 5-17 接线。电动机绕组为 Y 形接法（$U_N = 380V$），直接与测速发电机同轴连接。

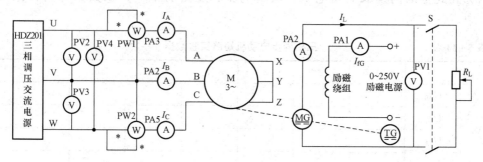

图 5-17　三相鼠笼式异步电动机实验接线图

（2）把交流调压器调至电压最小位置，接通电源，逐渐升高电压，使电动机启动旋转。观察电动机旋转方向，并使电动机旋转方向为正转（如转向不符合要求需调整相序时，必须切断电源）。

（3）保持电动机在额定电压下空载运行数分钟，使机械损耗达到稳定后再进行实验。

（4）调节电压由 1.2 倍额定电压开始逐渐降低，直至电流或功率显著增大。在此范围内读取空载电压、空载电流、空载功率。

（5）在测取空载实验数据时，在额定电压附近多测几点，共取数据 8 组，记录于表 5 - 23 中。

表 5 - 23　　　　　　　　　　　三相异步电动机空载实验数据

序号		1	2	3	4	5	6	7	8
$U_{0L}(V)$	U_{AB}								
	U_{BC}								
	U_{CA}								
	U_{0L}								
$I_{0L}(A)$	I_A								
	I_B								
	I_C								
	I_{0L}								
$P_0(W)$	P_{01}								
	P_{02}								
	P_0								
$\cos\varphi_0$									

注　$U_{0L}=\dfrac{U_{AB}+U_{BC}+U_{CA}}{3}$；$I_{0L}=\dfrac{I_A+I_B+I_C}{3}$；$P_0=P_{01}+P_{02}$；$\cos\phi_0=\dfrac{P_0}{\sqrt{3}U_{0L}I_{0L}}$。

4. 短路（堵转）实验

（1）测量接线同图 5 - 17。用制动工具把三相电机堵住（堵孔在转轴靠近直流发电机一端）。

（2）调压器退至零位，按下"启动"按钮，接通交流电源。调节控制屏桌面左端调压器旋钮使之逐渐升压至短路电流为 1.2 倍额定电流，再逐渐降压至 0.3 倍额定电流。

（3）在此范围内读取短路电压、短路电流、短路功率，共取数据 8 组，记录于表 5 - 24 中。

表 5 - 24　　　　　　　　　　　三相异步电动机短路实验数据

序号		1	2	3	4	5	6	7	8
$U_{kL}(V)$	U_{AB}								
	U_{BC}								
	U_{CA}								
	U_{kL}								

续表

序号		1	2	3	4	5	6	7	8
I_{kL}(A)	I_A								
	I_B								
	I_C								
	I_{kL}								
P_k(W)	P_1								
	P_2								
	P_k								
$\cos\varphi_k$									

注　$U_{kL}=\dfrac{U_{AB}+U_{BC}+U_{CA}}{3}$；$I_{kL}=\dfrac{I_{Ak}+I_{Bk}+I_{Ck}}{3}$；$P_k=P_{k1}+P_{k2}$；$\cos\varphi_k=\dfrac{P_k}{\sqrt{3}U_{kL}I_{kL}}$。

5. 负载实验

（1）测量接线同图 5-17。同轴连接负载电机。图中 R_L 用可调负载。

（2）按下"启动"按钮，接通交流电源，调节调压器使之逐渐升压至额定电压并保持不变。

（3）合上直流发电机的励磁电源，调节励磁电流使发电机的电枢电压为 230V，并保持此 I_{fG} 不变。

（4）调节负载电阻 R_L，使异步电动机的定子电流逐渐上升，直至电流上升到 1.25 倍额定电流。

（5）从这一负载开始，逐渐减小负载直至空载，在此范围内读取异步电动机的定子电流、输入功率、转速、直流发电机的负载电流 I_L 等数据，共取数据 8 组，记录于表 5-25 中。

表 5-25　　　　　　　　　三相异步电动机工作特性实验数据

$[U_1=U_{1N}=380\text{V (Y)}，I_{fG}=\underline{\quad} \text{A}]$

序号		1	2	3	4	5	6	7	8	9
I_{1L}(A)	I_A									
	I_B									
	I_C									
	I_{1L}									
P_1(W)	P_I									
	P_{II}									
	P_1									
I_L(A)										
n(r/min)										

本实验报告请扫描封面或目录中的二维码下载使用。

实验 5　单相电容启动异步电动机

一　实验目的

（1）了解单相电容启动异步电动机的启动过程。
（2）掌握测定单相电容启动异步电动机参数与工作特性的实验方法。

二　预习要点

（1）单相电容启动异步电动机有哪些技术指标和参数？
（2）这些技术指标怎样测定？参数怎样测定？

三　实验项目

（1）测量定子一、二次绕组的实际冷态电阻。
（2）空载实验、短路实验、负载实验。

四　实验仪器与设备

DDSZ-1 电机实验台、DD03、DJ23、DJ19
屏上挂件排列顺序：D33、D32、D34-3、D31、D42、D44

五　实验方法

1. 分别测量定子一、二次绕组的实际冷态电阻
测量方法见本章实验 4，记录当时室温，将测量数据记录于表 5 - 26 中。

表 5 - 26　　　　　定子一、二次绕组实际冷态电阻测量实验数据　　　　　（室温＿＿℃）

绕组名称	一次绕组	二次绕组
I(mA)		
U(V)		
R(Ω)		

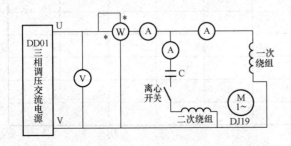

图 5 - 18　单相电容启动异步电动机接线图

2. 空载实验、短路实验、负载实验
单相电容启动异步电动机接线如图 5 - 18 所示，空载实验时电动机不接负载，启动电容 C 选用 D44 上 35μF 电容。
（1）把三相电源调至零位。接通电源，启动电动机，调节调压器升高施加在电动机定子绕组上的电压达到额定值，保持电动机在额定电压下空载运行数分钟，使机

械损耗达到稳定后再进行试验。

（2）调节电源电压由 1.2 倍额定电压开始逐渐降低，直至功率或电机电流显著增大（或为 $0.3U_N$），在这范围内测取空载电压 U_0、空载电流 I_0、空载功率 P_0 等数据 7～9 组记于表 5 - 27 中。

表 5 - 27　　　　　　　　　　空 载 实 验 数 据

序号	1	2	3	4	5	6	7	8	9
$U_0(V)$									
$I_0(A)$									
$P_0(W)$									
$\cos\varphi_0$									

（3）短路实验时按本章实验 4 的方法一安装 DD05 和制动工具。三相电源归零，接通电源，升压至 $0.95U_N\sim1.02U_N$，再逐次降压至短路电流接近额定电流。

（4）在此范围内读取短路电压 U_k、短路电流 I_k、短路转矩 T_k 等数据 6～8 组记录于表 5 - 28 中。

注意：测取每组读数时，通电持续时间不应超过 5s，以免绕组过热。

（5）转子绕组等值电阻测定：上述实验结束后，在转子静止状态下断开副绕组，主绕组加低电压直至绕组中的电流等于或接近额定值，测取电压 U_{k0}、电流 I_{k0} 和功率 P_{k0}，记录于表 5 - 29 中。

表 5 - 28　　　　　　　　　　短 路 实 验 数 据

序号	1	2	3	4	5	6
$U_k(V)$						
$I_k(A)$						
$F(N)$						
$T_k(Nm)$						

表 5 - 29　　　　　　　　求取转子绕组等值电阻实验数据

$U_{k0}(V)$	$I_{k0}(A)$	$P_{k0}(W)$	$r_2'(\Omega)$

（6）在负载实验时，负载电阻选用 D42 上 1800Ω 加上 900Ω 并联 900Ω 共 2250Ω 阻值。电动机 M 和校正直流发电机 MG 同轴连接（MG 的接线参照第三章图 3 - 12 左），接通交流电源，调节调压器升高电压至 U_N，负载实验中保持电动机定子绕组上的电压为额定值不变。

（7）保持 MG 的励磁电流 I_{fG} 为规定值（100mA），再调节 MG 的负载电流 I_L，在电动机 1.25～0.25 倍额定功率范围内，测取此过程的定子绕组电流 I、输入功率 P_1、输出转矩 T_2 和转速 n，共测取 6～8 组数据，其中额定点必测，记录于表 5 - 30 中。

表 5 - 30 　　　　　　　　　　负 载 实 验 数 据 　　　　　　($U_N=$____ V，$I_{fG}=$____ mA)

序　　号	1	2	3	4	5	6	7	8	9
$I(A)$									
$P_1(W)$									
$I_L(A)$									
$n(r/min)$									
$T_2(Nm)$									
$P_2(W)$									
$\cos\varphi$									
$S(\%)$									
$\eta(\%)$									

 本实验报告请扫描封面或目录中的二维码下载使用。

实验6　单相电容运转异步电动机

一　实验目的

用实验方法测定单相电容运转异步电动机的技术指标和参数。

二　预习要点

（1）单相电容运转异步电动机有哪些技术指标和参数？
（2）这些技术指标怎样测定？参数怎样测定？

三　实验项目

（1）测量定子一、二次绕组的实际冷态电阻。
（2）有效匝数比的测定。
（3）空载实验。
（4）短路实验。
（5）负载实验。

四　实验仪器与设备

DDSZ-1 实验台、DD03、DJ23、DJ20
屏上挂件排列顺序：D33、D32、D34-3、D31、D42、D51、D44

五　实验方法

1. 定子冷态电阻的测定
测量定子一、二次绕组的实际冷态电阻，将数据记录于表 5 - 31 中。测量方法见本章实验 4，记录当时室温。

表 5 - 31   **定子一、二次绕组实际冷态电阻测量实验数据**   （室温＿＿℃）

绕组名称	一次绕组			二次绕组		
$I(\text{mA})$						
$U(\text{V})$						
$R(\Omega)$						

2. 有效匝数比的测定

单相电容运转异步电动机接线如图 5 - 19 所示，外配电容 C 选用 D44 上的 $4\mu\text{F}$ 电容。实验前首先把三相电源调至零位。

（1）接通电源，逐渐升高电压至额定电压，启动电动机，断开开关 S1（将二次绕组开路）。将一次绕组施加额定电压 220V，测量并记录此时二次绕组的感应电动势 E_a。断开三相电源，停止电动机，并把三相交流电源调至零位。

（2）断开开关 S2（将主绕组开路），合上开关 S1 将电压 U_a（$U_a = 1.25 \times E_a$）

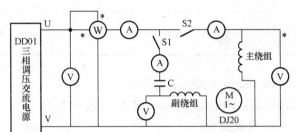

图 5 - 19 单相电容运转异步电动机接线图

施加于电动机二次绕组上，测量并记录此时一次绕组的感应电动势 E_m。

（3）实验完毕，断开电源。

（4）一、二次绕组的有效匝数比 K 按下式求得

$$K = \sqrt{\frac{U_a \cdot E_a}{E_m \times 220}}$$

3. 空载实验

安装电动机时，将电动机和测功机脱离，旋紧固定螺丝，并按图 5 - 19 接线。

（1）首先把三相电源调至零位。接通电源，逐渐升高电压，启动电动机，断开开关 S1（将二次绕组开路），一次绕组加额定电压，空载运转数分钟使机械损耗达稳定后再进行实验。

（2）调节电源电压由 1.2 倍额定电压开始逐次降低，直到可能达到的最低电压（$0.3U_N$），即功率和电流显著增大时为止。在此范围内测取空载电压、空载电流和空载功率等数据 7~9 组，记录于表 5 - 32 中。实验完毕，按下三相电源停止按钮开关，使电机停止。

表 5 - 32   **空 载 实 验 数 据**

序号	1	2	3	4	5	6	7	8	9
$U_0(\text{V})$									
$I_0(\text{A})$									
$P_0(\text{W})$									
$\cos\varphi_0$									

4. 短路实验

（1）测量接线图同图 5-19。将电机与测功机同轴连接，旋紧固定螺丝，用制动工具把电动机堵住。

（2）三相电源归零。接通电源，升高电压至 $0.95U_N \sim 1.05U_N$，再逐次降压至短路电流接近额定电流。在此范围内读取短路电压 U_k、短路电流 I_k、短路转矩 T_k 等数据 5～7 组，记录于表 5-33 中。

注意：测取每组读数时，通电持续时间不应超过 5s，以免绕组过热。

表 5-33   短 路 实 验 数 据

序号	1	2	3	4	5	6
U_k(V)						
I_k(A)						
F(N)						
T_k(Nm)						

转子绕组等值电阻的测定：二次绕组脱开，一次绕组加低电压使绕组中的电流等于或接近额定值，测取电压 U_{k0}、电流 I_{k0} 和功率 P_{k0}。

5. 负载实验

在负载实验时，负载电阻选用 D42 上 1800Ω 加上 900Ω 并联 900Ω 共 2250Ω 阻值。电动机 M 和校正直流发电机 MG 同轴连接（MG 的接线参照第三章图 3-12 左）。将三相电源调至零位，拆除上述堵转装置。接通交流电源，升高电压至 U_N 并保持不变。保持 MG 的励磁电流 I_{fG} 为规定值（100mA），再调节 MG 的负载，使电动机加大负载，直至电流上升到 1.1 倍额定电流。从这一负载开始，逐步减小负载直至空载，在此范围内测取异步电动机的定子电流 I、输入功率 P_1、转矩 T_2、转速 n 等数据 6～8 组，其中额定点必测，记录于表 5-34 中。

表 5-34   负 载 实 验 数 据   （U_N=220V，I_{fG}=＿＿ mA）

序号	1	2	3	4	5	6	7	8	9
I_1(A)									
I_2(A)									
I_t(A)									
P_1(W)									
I_L(A)									
n(r/min)									
T_2(Nm)									
P_2(W)									
η(%)									
$\cos\varphi$									
S(%)									

 本实验报告请扫描封面或目录中的二维码下载使用。

第六章　同　步　电　机

实验 1　三相同步发电机的运行特性

一　实验目的

（1）掌握三相同步发电机在对称负载下运行特性的测量方法。

（2）学会测量三相同步发电机在对称运行时的稳态参数。

二　预习要点

（1）同步发电机在对称负载下有哪些基本特性？这些基本特性各在什么情况下测得？

（2）怎样利用空载、短路和零功率因数负载特性曲线求三相同步发电机的稳态参数？

三　实验项目

（1）测定电枢绕组冷态直流电阻。

（2）空载实验：在 $n=n_N$、$I=0$ 的条件下，测取空载特性曲线 $U_0=f(I_{fG})$。

（3）三相短路实验：在 $n=n_N$、$U=0$ 的条件下，测取三相短路特性曲线 $I_k=f(I_{fG})$。

（4）纯电感负载特性：在 $n=n_N$、$I=I_N$、$\cos\varphi=0$ 的条件下，测取纯电感负载特性曲线 $U=f(I_{fG})$。

（5）外特性：在 $n=n_N$、$I_{fG}=$ 常数、$\cos\varphi=1$ 和 $\cos\varphi=0.8$（滞后）的条件下，测外特性曲线 $U=f(I)$。

（6）调节特性：在 $n=n_N$、$U=U_N$、$\cos\varphi=1$ 的条件下，测取调节特性曲线 $I_f=f(I_{fG})$。

四　实验仪器与设备

方法一　DDSZ-1 电机实验台、DD03、DJ23、DJ18
　　　　屏上挂件顺序：D44、D33、D32、D34-3、D52、D31、D51、D41、D42、D43

方法二　三相同步发电机机组、直流电源、电气仪表、开关、电抗器

方法三　THHDZ-3 电机实验台、三相同步发电机＋直流电动机组

五　实验方法

（一）方法一

1. 电枢绕组冷态直流电阻的测量方法参见第二章第二节中有关内容

2. 空载实验

（1）按图 6-1 接线，校正直流测功机 MG 按他励方式连接，用作电动机拖动三相同步发电机 GS 旋转，GS 定子绕组为 Y 形接法（$U_N=220\text{V}$）。GS 励磁调节电阻 R_{fG} 选用 D41（225Ω），MG 电枢串联电阻 R_{st} 选用 D44（180Ω），MG 励磁调节电阻 R_{fM} 选用

D44（1800Ω），三相可变电阻器 R_L 选用 D41（1800Ω）。开关 S1、S2 均处于断开状态。

（2）将 R_{fG}、R_{st} 调至最大，R_{fM} 调至最小。三相调压器旋钮、直流电机电枢电源及励磁电源旋钮均逆时针方向退到底，做好实验开机准备。

（3）接通电源，按下"启动"按钮，接通励磁电源开关，观察到直流电流表 PA2 有励磁电流指示后，再接通电枢电源开关，启动 MG。MG 启动运行正常后，切除电阻 R_{st}，调节 R_{fM} 使 MG 转速达到同步发电机的额定转速 1500r/min 并保持恒定。

（4）接通 GS 励磁电源，调节 GS 励磁电流（必须单方向调节），使 I_{fG} 递增至 GS 输出电压 $U_0=1.3U_N$。从此时起，单方向减小 GS 励磁电流，使 I_{fG} 单方向减至零值，读取此过程励磁电流 I_{fG} 和相应的空载电压 U_0（在额定电压附近读数相应多些）9～11 组，记录于表 6-1 中。

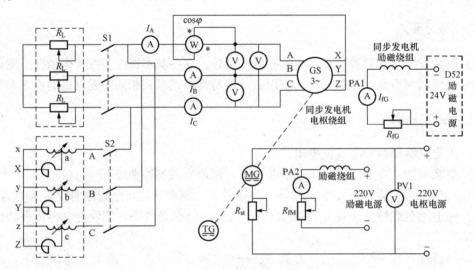

图 6-1 三相同步发电机实验接线图

表 6-1　　　　　三相同步发电机空载特性实验数据　　　（$n=n_N=1500r/min$，$I=0$）

序号	1	2	3	4	5	6	7	8	9	10	11
$U_0(V)$											
$I_{fG}(A)$											

3. 三相短路试验

（1）调节 GS 励磁电源串接的电阻 R_{fG} 至最大。按空载实验方法调节发电机转速为额定转速 1500r/min，且保持恒定。

（2）接通 GS 24V 励磁电源，调节 R_{fG} 使 GS 输出的三相线电压（即三只电压表 V 的读数）最小，然后把 GS 输出三端点短接，即把三只电流表输出端短接。调节 GS 的励磁电流 I_{fG} 使其定子电流 $I_k=1.2I_N$，读取此时的 GS 励磁电流值 I_{fG} 和相应的定子短路电流值 I_k。

（3）逐步减小 GS 励磁电流 I_{fG} 使定子电流 I_k 减小，直至励磁电流为零，读取励磁电流 I_{fG} 和相应的定子电流 I_k（$I_k=I_N$ 点必测）7～8 组，记录于表 6-2 中。

表 6 - 2　　　　　　　　三相同步发电机三相短路实验数据　　　($U=0$V，$n=n_N=1500$r/min)

序号	1	2	3	4	5	6	7
I_k(A)							
I_{fG}(A)							

4. 纯电感负载特性

（1）调节 GS 的电阻 R_{fG} 至最大，调节可变电抗器使其阻抗达到最大。同时拆除 GS 输出三端点的短接线。按空载实验方法启动直流电动机 MG，调节 MG 的转速达 1500r/min 且保持恒定。合上开关 S2，发电机 GS 带纯电感负载运行。

（2）调节 R_{fG} 和可变电抗器使同步发电机端电压接近于 1.1 倍额定电压且电流为额定电流，读取端电压值和励磁电流值。

（3）每次调节励磁电流使电机端电压减小、调节可变电抗器使定子电流值保持恒定且为额定电流。读取端电压和相应的励磁电流 7～8 组，记录于表 6 - 3 中。

表 6 - 3　　　　　　　　三相同步发电机纯电感负载特性实验数据

$$(n=n_N=1500\text{r/min},\ I=I_N=\underline{\quad}\ \text{A})$$

序号	1	2	3	4	5	6	7	8
U(V)								
I_{fG}(A)								

5. 测同步发电机在纯电阻负载时的外特性

（1）调节三相可变电阻器 R_L 的阻值为最大。按空载实验方法启动直流电动机 MG，并调节电机转速达同步发电机额定转速 1500r/min，且保持恒定。

（2）断开开关 S2，合上 S1，发电机 GS 带三相纯电阻负载运行。

（3）接通 24V 励磁电源，调节电阻 R_{fG} 和负载电阻 R_L 使同步发电机的端电压达额定值 220V，且负载电流亦达额定值。保持此时的同步发电机励磁电流 I_{fG} 恒定不变，调节负载电阻 R_L，测同步发电机端电压和相应的平衡负载电流（三相电枢电流的平均值），直至负载电流减小到零，测出整条外特性曲线。记录 7～8 组数据于表 6 - 4 中。

表 6 - 4　　　　　　　　三相同步发电机纯电阻负载外特性实验数据

$$(n=n_N=1500\text{r/min},\ I_{fG}=\underline{\quad}\ \text{A}，\cos\varphi=1)$$

序号	1	2	3	4	5	6	7	8
U(V)								
I(mA)								

6. 测同步发电机在负载功率因数为 0.8 时的外特性

（1）在图 6 - 1 中接入功率因数表，分别把三相可变电阻 R_L 和三相可变电抗 X_L 调至最大。

（2）按空载实验方法启动直流电动机，并调节电机转速至同步发电机额定转速 1500r/min，且保持恒定。合上开关 S1，S2，把 R_L 和 X_L 并联使用作为发电机 GS 的负载。

（3）接通 24V 励磁电源，调节 R_{fG}、负载电阻 R_L 及可变电抗器 X_L，使同步发电机的端电压达额定值 220V，负载电流达额定值且功率因数为 0.8。

（4）保持此时的同步发电机励磁电流 I_{fG} 恒定不变，调节负载电阻 R_L 和可变电抗器 X_L 使负载电流改变而功率因数保持 0.8 不变，测同步发电机端电压和相应的平衡负载电流，测出整条外特性曲线。记录 7~8 组数据于表 6-5 中。

表 6-5 三相同步发电机负载功率因数为 0.8 时的外特性实验数据

$(n=n_N=1500\text{r/min}, \ I_{fG}=\_\_\_ \text{A}, \ \cos\varphi=0.8)$

序号	1	2	3	4	5	6	7	8
U(V)								
I(A)								

7. 测同步发电机在纯电阻负载时的调节特性

（1）发电机接入三相电阻负载 R_L，断开三相可变电抗 X_L，并调节 R_L 至最大。按前述方法启动直流电动机，并调节发电机转速为额定转速 1500r/min 且保持恒定。

（2）接通 24V 励磁电源，调节 R_{fG}，使发电机端电压达额定值 U_N 为 220V，且保持恒定。

（3）调节 R_L，以改变负载电流，读取相应的励磁电流 I_{fG} 及负载电流 I，测出整条调节特性曲线。取数据 7~8 组，记录于表 6-6 中。

表 6-6 三相同步发电机纯电阻负载时调节特性实验数据

$(U=U_N=220\text{V}, \ n=n_N=1500\text{r/min})$

序号	1	2	3	4	5	6	7
I(A)							
I_{fG}(A)							

（二）方法二

测取三相同步发电机对称运行特性的实验线路如图 6-2 所示。图中同步发电机 GS 与直流电动机 M 同轴连接，由同步发电机 GS 同轴传动的直流发电机 G（励磁机）供给同步发电机 GS 励磁电流，S2、S3、S4 均处于断开位置。

1. 电枢绕组冷态直流电阻的测量

测量方法参见前述有关内容。

2. 空载实验

（1）S3 断开，同步发电机处于空载状态。将电阻 R_{st} 和 R_{fG} 调至最大，电阻 R_{fM} 调至最小。

（2）合上开关 S1，启动直流电动机 M，逐步切除电阻 R_{st}。调节电阻 R_{fM}，使同步发电机 GS 的转速调至同步转速，并在整个实验过程中保持不变。

（3）合上开关 S2，逐渐减小电阻 R_{fG} 以增加发电机的励磁电流 I_{fG}，直到发电机电枢绕

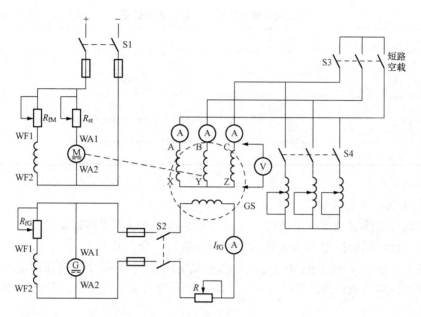

图 6-2 三相同步发电机实验接线图

组空载电压 $U_0=1.3U_N$。读取此时的三相电压和励磁电流，记入表 6-7 中。

（4）调节励磁电阻 R_{fG}，逐步单方向减小励磁电流。每次测量三相电压 U 和励磁电流 I_{fG}，直至断开励磁电源，共测取包括额定电压（附近多测取几组）和剩磁电压（用低量程电压表测量）在内的 7~8 组数据，记入表 6-7 中。

表 6-7　　　　　　　　三相同步发电机空载特性实验数据　　　　　$(n=n_N \underline{\quad\quad} r/min, I=0)$

序　　号		1	2	3	4	5	6	7	8
三相电压 U(V)	U_{AB}								
	U_{BC}								
	U_{CA}								
	U_0^*								
I(A)	I_{fG}								

$U_0^* = (U_{AB}+U_{BC}+U_{CA})/3$。

3. 短路实验

（1）按前述方法启动直流电动机，并保持发电机转子以同步转速旋转。

（2）在断开开关 S2 的情况下合上开关 S3，使同步发电机电枢绕组处于短路状态。

（3）合上开关 S2，逐步减小电阻 R_{fG}，由零值慢慢地增加发电机励磁电流 I_{fG}，使三相短路电流达到 $I_k=1.25\,I_N$ 左右。从此值开始逐渐减小，直到 $I_k=0$（S2、S3 均断开），共测取包括额定电流（I_N 附近多测取几组）和相应的励磁电流 I_{fG} 在内的数据 6~8 组，记入表 6-8 中。

表 6 - 8　　　　　三相同步发电机三相短路实验数据　　　$（n= n_N$ ____ r/min, $U=0$）

序　　号		1	2	3	4	5	6	7	8
$I(A)$	I_A								
	I_B								
	I_C								
	I_k^*								
	I_{fG}								

$I_k^* = (I_A + I_B + I_C)/3$。

4．零功率因数负载实验

（1）按前述方法启动直流电动机，并保持发电机转子以同步转速旋转。

（2）将三相可调电抗器 L 调至最大电抗值位置后，合上开关 S4。

（3）合上开关 S2，同时调节电抗器 L 和励磁电阻 R_{fG}，即减小电抗器的电抗值并增大励磁电流，直至发电机电枢绕组电流 $I=I_N$，且端电压为 $1.1U_N$。读取此时的三相电压和励磁电流，记入表 6 - 9 中。

（4）逐步减小励磁电流降低发电机端电压，同时调节电抗器保持发电机电枢绕组电流为额定电流不变。每次测量包括发电机额定电压在内的端电压和相对应的励磁电流数据 7～8 组，记录于表 6 - 9 中。

表 6 - 9　　　　　三相同步发电机零功率因数负载特性实验数据

$（n= n_N$ ____ r/min, $I=I_N=$ ____ A）

序　　号		1	2	3	4	5	6	7	8
$U(A)$	U_{AB}								
	U_{BC}								
	U_{CA}								
	U^*								
$I(A)$	I_{fG}								

$U^* = (U_{AB} + U_{BC} + U_{CA})/3$。

（三）方法三

1．测定电枢绕组冷态直流电阻

电枢绕组冷态直流电阻的测量方法参见前述有关内容。

2．空载实验

（1）按图 6 - 3 接线，直流电动机 M 按他励方式连接，用作电动机拖动三相同步发电机 GS 旋转，GS 的定子绕组为 Y 形接法（$U_N=400V$），开关 S 选用控制屏桌面板上自动开关的主触点，仪表正确分配并选好量程。三相可调 Y 电阻器 R_L 三相 Y 接法，选用三相可调电阻箱。

（2）将同步励磁电源电压调节旋钮、电枢电源电压调节旋钮和励磁电源电压调节旋钮逆时针转到底，开关 S 断开，三相交流电源调节旋钮逆时针方向退到零位，做好实验开机准备。

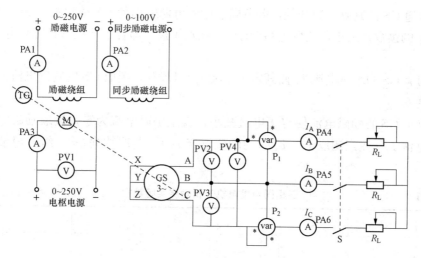

图 6-3 三相同步发电机实验接线图

（3）接通电源总开关，按下"启动"按钮，接通励磁电源开关，调节励磁电源调压旋钮使励磁电压升为 220V，观察电流表 PA1 有励磁电流指示后，再接通电枢电源，缓慢调节电枢电源调压旋钮启动 M。M 启动运行正常后，调节电枢电源和励磁电源使 M 转速达到同步发电机的额定转速 1500r/min 并保持恒定。

（4）接通 GS 励磁电源，单方向调节调节 GS 励磁电流，使 I_{fG} 单方向递增至 GS 输出电压 $U_0 \approx 1.3 U_N$ 为止，读取励磁电流 I_{fG} 和相应的空载电压 U_0（上升）。单方向减小 GS 励磁电流，使 I_{fG} 单方向减至零值为止，读取励磁电流 I_{fG} 和相应空载电压 U_0（下降）。

（5）注意测取同步发电机 $I_{fG} = 0$ 时的剩磁电压值和 $U_0 = U_N$ 的励磁电流，各取数据 7～9 组并记录于表 6-10 中。

表 6-10 三相同步发电机空载特性实验数据 （$n = n_N =$ $I = 0$）

序号		1	2	3	4	5	6	7	8	9	10
上升	$U_0(V)$										
	$I_{fG}(A)$										
下降	$U_0(V)$										
	$I_{fG}(A)$										

注意事项：

（1）转速要保持恒定。

（2）在额定电压附近测量点相应多些。

3. 三相短路试验

按图 6-3 接线，三相负载电阻 R_L 短接至零值，启动时步骤同上述实验的（1）、（2）、（3）。

（1）调节 GS 的励磁电源电压至最小。调节电机转速为额定转速 1500r/min，且保持恒定。

（2）接通 GS 的励磁电源开关，调节同步励磁电源输出使 GS 输出的三相线电压（即三只电压表 V 的读数）最小，然后把 GS 输出三端点短接，即合上开关 S 把三只电流表输出端短接。

（3）调节 GS 的励磁电流 I_{fG} 使其定子电流 $I_k=1.2I_N$，读取 GS 的励磁电流值 I_{fG} 和相应定子电流值 I_k。

（4）减小 GS 的励磁电流使定子电流减小，直至励磁电流为零，读取励磁电流 I_{fG} 和相应的定子电流 I_k（注意测取 $I_k=I_N$ 时的励磁电流 I_{fN}），共取数据 6～7 组，记录于表 6-11 中。

表 6-11　　　　　　　三相同步发电机三相短路实验数据　（$n=n_N=1500\text{r/min}$，$U=0\text{V}$）

序号	1	2	3	4	5	6	7
$I_k(A)$							
$I_{fG}(A)$							

4. 纯电阻负载实验

（1）同步发电机纯电阻负载时的外特性。

1）按图 6-3 接线，调节三相可变电阻器 R_L 为最大值。

2）启动他励直流电动机 M，调节同步发电机转速为额定转速 1500r/min，且保持恒定。

3）合上开关 S，同步电机 GS 带三相纯电阻负载运行。

4）接通同步励磁电源，调节同步励磁电源的输出和负载电阻 R_L 使同步发电机的端电压达额定值 400V，且负载电流亦达额定值。

5）保持此时的同步发电机励磁电流 I_{fG} 恒定不变，调节负载电阻 R_L，测取同步发电机端电压和相应的平衡负载电流，直至负载电流减小到零，测出整条外特性。

6）共取数据 6～7 组并记录于表 6-12 中。

表 6-12　　　　　　　三相同步发电机纯电阻负载时的外特性实验数据

$n=n_N=1500\text{r/min}$　　$I_{fG}=$___A　　$\cos\varphi=1$

序号	1	2	3	4	5	6	7
$U(V)$							
$I(mA)$							

（2）同步发电机纯电阻负载时的调节特性。

1）发电机接入三相电阻负载 R_L，阻值达最大，电机为额定转速 1500r/min 且保持恒定。

2）调节同步励磁电源的输出使发电机端电压达额定值 400V 且保持恒定。

3）调节 R_L 阻值，以改变负载电流，读取相应励磁电流 I_{fG} 及负载电流，测出整条调节特性。

4）共取数据 5～6 组记录于表 6-13 中。

表 6-13　　　　　三相同步发电机纯电阻负载时的调节特性实验数据

$$n=n_{\mathrm{N}}=1500\mathrm{r/min} \qquad U=U_{\mathrm{N}}=\underline{\quad\quad}\ \mathrm{V}$$

序号	1	2	3	4	5	6
I(A)						
I_{fG}(A)						

 本实验报告请扫描封面或目录中的二维码下载使用。

实验 2　三相同步发电机的并网运行

一 实验目的

（1）掌握三相同步发电机投入电网并联运行的条件与操作方法。

（2）掌握三相同步发电机并联运行时有功功率与无功功率的调节方法。

二 预习要点

（1）三相同步发电机投入电网并联运行的条件及如何满足这些条件？

（2）三相同步发电机投入电网并联运行时，如何调节有功功率和无功功率？

三 实验项目

（1）用准同步法将三相同步发电机投入电网并联运行。

（2）用自同步法将三相同步发电机投入电网并联运行。

（3）三相同步发电机与电网并联运行时有功功率的调节。

（4）三相同步发电机与电网并联运行时无功功率的调节。

1）测取当输出功率 $P_2=0\mathrm{W}$ 时三相同步发电机的 V 形曲线。

2）测取当输出功率 $P_2=0.5P_{\mathrm{N}}$ 时三相同步发电机的 V 形曲线。

四 实验仪器与设备

方法一　DDSZ-1 电机实验台、DD03、DJ23、DJ18

　　　　实验屏挂件排列顺序：D44、D52、D53、D33、D32、D34-3、D31、D41

方法二　三相同步发电机组、直流电源、电气仪表、开关、电阻器、灯泡组

五 实验方法

（一）方法一

1. 用准同步法将三相同步发电机投入电网并联运行

按图 6-4 接线。三相同步发电机 GS 选用 DJ18；GS 的原动机校正直流测功机 MG 选用 DJ23；MG 电枢启动电阻 R_{st} 选用 D44（180Ω）；MG 励磁调节电阻 R_{fM} 选用 D44（1800Ω）；GS 励磁电阻 R_{fG} 选用 D41（225Ω）；R 选用 D41（90Ω 固定电阻）。S1 选用 D52，处于"关

断"位置；S2 选用（D53），合向固定电阻端（图示左端）。

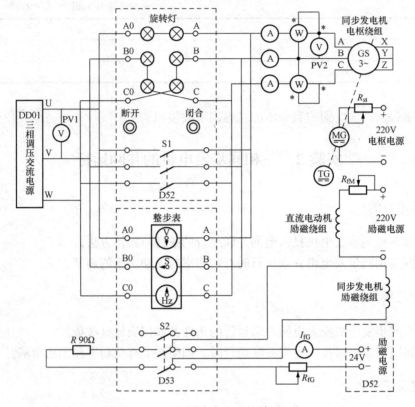

图 6-4　三相同步发电机的并网运行

（1）将三相调压器旋钮退至零位，电枢电源（旋钮逆时针旋转到底）及励磁电源开关均在"关断"位置，按下"启动"按钮，调节调压器使电压升至额定电压 220V，可通过 PV1 表观测。

（2）将 R_{st} 调至最大，R_{fM} 调至最小，先合上 MG 励磁电源开关，再合上电枢电源开关（慢慢升至 220V），启动 MG，并调节其转速接近同步转速 1500r/min。

（3）将开关 S2 合到同步发电机的 24V 励磁电源端（图 6-4 所示右端），调节电阻 R_{fG} 以改变 GS 的励磁电流 I_{fG}，使同步发电机升至额定电压 220V，可通过 PV2 表观测。

（4）观察三组相灯，若依次亮灭形成旋转灯光，表示发电机和电网相序相同。若三组相灯同亮同灭，表示发电机和电网相序不相同。当发电机和电网相序不同时则应先停机，再调换发电机或三相电源任意两根端线以改变相序，按前述方法再重新启动电动机。

（5）当发电机和电网相序相同时，调节同步发电机励磁使同步发电机电压和电网（电源）电压相同。再进一步细调原动机转速。使各相灯光缓慢地轮流旋转发亮，此时接通 D53 整步表上琴键开关，观察整步表和频率表指针指在中间位置，整步是 S 指针逆时针缓慢旋转。

（6）待 A 相灯完全熄灭时迅速合上并网开关 S1，把同步发电机投入电网并联运行。

（7）停机时应先按下 D52 上红色按钮，即断开电网开关 S1，将 R_{st} 调至最大，先断开电枢电源，再断开励磁电源，把三相调压器旋至零位。

2．用自同步法将三相同步发电机投入电网并联运行

（1）并网开关 S1 断开且相序相同，把开关 S2 闭合到励磁端（图示右端）。

（2）按他励电动机的启动步骤启动 MG，并使 MG 升速到接近同步转速（1485～1515r/min 之间）。

（3）调节同步发电机励磁电源调压旋钮或 R_{fG}，以调节 I_{fG} 使发电机电压约等于电网电压 220V。

（4）将开关 S2 闭合到 R 端。R 用 90Ω 固定阻值（约为三相同步发电机励磁绕组电阻的 10 倍）。

（5）合并网开关 S1，再把开关 S2 闭合到励磁端，这时发电机利用"自整步作用"使它迅速被牵入同步。

3．三相同步发电机与电网并联运行时有功功率的调节

（1）按上述 1、2 任意一种方法把同步发电机投入电网并联运行。

（2）并网以后，调节校正直流测功机 MG 的励磁电阻 R_{fM} 和发电机的励磁电流 I_{fG} 使同步发电机定子电流接近于零，这时相应的同步发电机励磁电流 $I_{fG} = I_{fG0}$。

（3）保持这一励磁电流 I_{fG0} 不变，调节直流电机励磁调节电阻 R_{fM}，使其阻值增加，这时同步发电机输出功率 P_2 增大。在同步发电机定子电流接近于零到额定电流的范围内读取三相电流、三相功率、功率因数，共取数据 7～8 组，记录表 6-14 中。

表 6-14　　　　　　　　　三相同步发电机并网运行时有功功率调节实验数据

$[U = \underline{\quad} \text{ V (Y)}, I_{fG} = I_{fG0} = \underline{\quad} \text{ A}]$

序　　号		1	2	3	4	5	6	7	8
输出电流 I(A)	I_A								
	I_B								
	I_C								
	I								
输出功率 P_2(W)	P_{I}								
	P_{II}								
	P_2								
功率因数*	$\cos\varphi$								

表 6-14 中：
$$I = (I_A + I_B + I_C)/3$$
$$P_2 = P_{\mathrm{I}} + P_{\mathrm{II}}$$
$$\cos\varphi = P_2/\sqrt{3}UI$$

4．三相同步发电机与电网并联运行时无功功率的调节

（1）测取当输出功率等于零时三相同步发电机的 V 形曲线。

1）按上述 1、2 任意一种方法把同步发电机投入电网并联运行。

2）保持同步发电机的输出功率 $P_2 = 0$。

3）先调节电阻 R_{fG} 使同步发电机励磁电流 I_{fG} 上升（应先调节 90Ω 串联 90Ω 部分，调至零位后用导线短接，再调节 90Ω 并联 90Ω 部分），使同步发电机定子电流上升到额定电流，

并调节 R_{st} 保持 $P_2=0$。记录此点同步发电机励磁电流 I_{fG}、定子电流 I。

4）减小同步发电机励磁电流 I_{fG} 使定子电流 I 减小到最小值，记录此点数据。

5）继续减小同步发电机励磁电流，这时定子电流又将增大直至额定电流。

6）分别在过励和欠励情况下读取数据 8～9 组，记录于表 6-15 中。

表 6-15　　　　　　　三相同步发电机并网运行时无功功率调节实验数据

$(n=\underline{\quad}$ r/min, $U=\underline{\quad}$ V , $P_2=0$W$)$

序　　号		1	2	3	4	5	6	7	8	9
三相电流 I(A)	I_A									
	I_B									
	I_C									
	I^*									
励磁电流 I_{fG}(A)	I_{fG}									

*　$I=(I_A+I_B+I_C)/3$。

（2）测取当输出功率等于 $0.5P_N$ 时三相同步发电机的 V 形曲线，记于表 6-16 中。

表 6-16　　　　　　三相同步发电机输出功率 $P_2=0.5\,P_N$ 时 V 形曲线实验数据

$(n=\underline{\quad}$ r/min, $U=\underline{\quad}$ V , $P_2=0.5P_N)$

序　　号		1	2	3	4	5	6	7	8	9
三相电流 I(A)	I_A									
	I_B									
	I_C									
	I^*									
励磁电流 I_{fG}(A)	I_{fG}									

*　$I=(I_A+I_B+I_C)/3$。

1）按上述 1、2 任意一种方法把同步发电机投入电网并联运行。

2）保持同步发电机的输出功率 P_2 等于 $0.5P_N$。

3）增加同步发电机励磁电流 I_{fG}，使同步发电机定子电流上升到额定电流，记录此点同步发电机励磁电流 I_{fG}、定子电流 I。

4）减小同步发电机励磁电流 I_{fG} 使定子电流 I 减小到最小值并记录此点数据。

5）继续减小同步发电机励磁电流 I_{fG}，这时定子电流又将增大至额定电流。

6）分别在过励和欠励情况下取数据 8～9 组，并记录于表 6-14 中。

（二）方法二

1.用准同步法将三相同步发电机投入电网并联运行

将同步发电机调整到完全符合并网条件后的合闸并网操作过程，称为准同步法。

（1）灯光熄灭法（直接接法）。

1）按图 6-5（a）接线，图中指示灯由两个灯泡串联起来使用。

2）将电阻 R_{st}、R_{fG} 调至最大，R_{fM} 调至最小。合上 S3，启动直流电动机，将电阻 R_{st} 逐步切除。初步调节电阻 R_{fM}，使直流电动机转速接近同步发电机的额定转速。将 S4 合至右

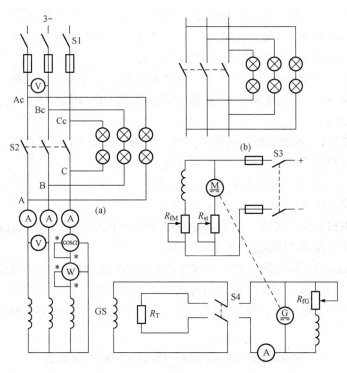

图 6-5　三相同步发电机的并网运行

(a) 直接接法；(b) 交叉接法

端，调节电阻 R_{fG}，使同步发电机的电压接近电网电压。

3) 合上 S1，观察同步指示灯，应该是三组灯同亮同灭。若三相灯泡轮流发光或轮流熄灭，说明发电机与电网的相序不同，应停机。将发电机引出线的任意两相调换，再重复以上步骤。

4) 细调发电机的转速，使三相同步指示灯同亮同灭的时间间隔很长，此时并车操作者应手持 S2 把柄做好并车的准备。在三相同步指示灯完全熄灭的瞬间，迅速合上 S2，并网完毕。

注意：S2 合闸后，若出现电压表读数不正常、电机转速不稳定或电机发出噪声等现象，应立即拉开 S2，然后检查原因。

(2) 灯光旋转法（交叉接法）。

1) 同步指示灯按图 6-5 (b) 所示接线，即将任意两组同步指示灯进行交叉连接。

2) 将电阻 R_{st}、R_{fG} 调至最大，R_{fM} 调至最小。合上 S3，启动直流电动机，将电阻 R_{st} 逐步切除。初步调节电阻 R_{fM}，使直流电动机转速接近同步发电机的额定转速。将 S4 合至右端，调节 R_{fG}，使同步发电机的电压接近电网电压。

3) 合上 S1，观察同步指示灯，应该是三组灯轮流亮或轮流熄灭，形成灯光旋转状态。如果三组灯同亮同灭，说明发电机的相序与电网的相序不同，应停机将发电机引出线的任意两相调换，再重复以上步骤。

4) 细调电阻 R_{fM}，使三组灯轮流熄灭的旋转速度很慢，做好并车准备。在直接连接相同步指示灯完全熄灭、另外两交叉相同步指示灯亮度相同的瞬间，迅速合上 S2，并网完毕。注意事项与上述实验相同。

2. 用自同步法将三相同步发电机投入电网并联运行

(1) 实验接线如图 6-5 所示。用相序表检查同步发电机与电网相序，使两者相序一致。

（2）将电阻 R_{st}、R_{fG} 调至最大，R_{fM} 调至最小。合上 S3，启动直流电动机，将电阻 R_{st} 逐步切除。初步调节电阻 R_{fM}，使直流电动机转速接近同步发电机的额定转速。将 S4 合至右端，调节电阻 R_{fG}，使同步发电机的电压接近电网电压。

注意：并网前应将电流表与功率表的电流线圈短接，以免冲击电流损坏仪表。

（3）合上开关 S1，将开关 S4 合至左端（励磁绕组经 R_T 闭合，R_T 约为三相同步发电机励磁绕组电阻的 10 倍）。

（4）合上开关 S2，将同步发电机投入电网。立即将开关 S4 合至右端，向同步发电机送入励磁电流，发电机即自行牵入同步，并网完毕。

3. 三相同步发电机并联运行时有功功率的调节

（1）实验接线如图 6-5 所示。

（2）同步发电机 GS 并网后，调节其励磁电流和直流电动机 M 的输出功率，使同步发电机的输出电流 $I=0$，此时的励磁电流 $I_{fG}=I_{fG0}$。

（3）在保持 $I_{fG}=I_{fG0}$ 不变的条件下，减小电阻 R_{st} 或增大电阻 R_{fM}，逐渐增加直流电动机 M 的输出功率，使同步发电机 GS 输出的有功功率 P_2 增加，即同步电机处于发电机状态。

（4）在 $I=0\sim I_N$ 范围内，读取三相电流 I_A、I_B、I_C 和功率 P，取数据 7～8 组记入表 6-17 中。

表 6-17　　　　　三相同步发电机并网运行时有功功率调节实验数据

$$[U=\underline{\quad} \text{V (Y)}, I_{fG}=I_{fG0}=\underline{\quad} \text{A}]$$

序　号		1	2	3	4	5	6	7	8
输出电流 I(A)	I_A								
	I_B								
	I_C								
	I								
输出功率 P_2(W)	P_I								
	$P_2=3P$								
功率因数	$\cos\varphi$								

表 6-17 中：
$$I=(I_A+I_B+I_C)/3$$
$$P_2=3P$$
$$\cos\varphi=P_2/\sqrt{3}UI$$

4. 三相同步发电机并联运行时无功功率的调节

（1）将同步发电机投入电网并联运行。

（2）调节 R_{fM} 或 R_{st} 以改变发电机的输出功率 P_2。

（3）调节 $P_2=0$ 并维持不变，逐渐减小 R_{fG} 以增大发电机的励磁电流 I_{fG}，直到发电机定子电流 $I=1.2 I_N$，开始读取实验数据。逐渐增加 R_{fG}，以减小 I_{fG}，I 将随 I_{fG} 的减小而减小。当 I 减至最小值后，I 将随 I_{fG} 的减小而增大，直到 $I=1.2 I_N$。记录若干组对应的 I_{fG} 和 I 数据，记录于表 6-18 中。

表 6-18 中：
$$I=(I_A+I_B+I_C)/3$$

（4）调节 $P_2=3P=0.5P_N$（$P=0.17P_N$）并维持不变，逐渐减小电阻 R_{fG} 以增大同步发电机的励磁电流 I_{fG}，直到发电机定子电流 $I=1.2\ I_N$，开始读取实验数据。逐渐增加 R_{fG}，以减小 I_{fG}，I 将随 I_{fG} 的减小而减小。当 I 减至最小值后，I 将随 I_{fG} 的减小而增大，直到 $I=1.2\ I_N$。记录对应的 I_{fG} 和 I 于表 6-19 中，在记录 I_{fG} 和 I 时，观察相应的 $\cos\varphi$ 值的变化情况。

表 6-18 三相同步发电机并网运行时无功功率调节实验数据

$[n=\qquad\text{r/min},\ U=\_\_\_\_\text{V (Y)},\ P_2=3P=0]$

序　　　号		1	2	3	4	5	6	7	8	9	10
输出电流 I(A)	I_A										
	I_B										
	I_C										
	I										
励磁电流 I_{fG}(A)	I_{fG}										

注意：（3）、（4）项应在 I_{fG} 变化间隔尽量均匀的条件下，记录若干组对应的 I_{fG} 和 I 数据于表中，并须仔细读取 I 最小点的数据。此值就是对应于该 P_2 时发电机的正常励磁电流，这时发电机的 $\cos\varphi=1$。

表 6-19 三相同步发电机并网运行时无功功率调节实验数据

$[n=\qquad\text{r/min},\ U=\_\_\_\_\text{V(Y)},\ P_2=3P=0.5P_N(P=0.17P_N)]$

序　　　号		1	2	3	4	5	6	7	8	9	10
输出电流 I(A)	I_A										
	I_B										
	I_C										
	I										
励磁电流 I_{fG}(A)	I_{fG}										
功率因数	$\cos\varphi$										

表 6-19 中：

$$I=(I_A+I_B+I_C)/3$$
$$P_2=3P$$
$$\cos\varphi=P_2/\sqrt{3}UI$$

 本实验报告请扫描封面或目录中的二维码下载使用。

实验 3　三相同步发电机参数的测定

一　实验目的

掌握三相同步发电机参数的测定方法，对实验结果进行分析，并对这台发电机做出评估。

二 预习要点

（1）同步发电机参数 X_d、X_q、X_d'、X_q'、X_d''、X_q''、X_0、X_2 各代表什么物理意义？对应什么磁路和耦合关系？各用什么方法测取？

（2）怎样判别同步发电机定子旋转磁场与转子的旋转方向是同向，还是反向？

（3）负序电抗比同步电抗大，还是小？

三 实验项目

（1）用转差法测定同步发电机的同步电抗 X_d、X_q。

（2）用反同步旋转法测定同步发电机的负序电抗 X_2 及负序电阻 r_2。

（3）用单相电源测定同步发电机的零序电抗 X_0。

（4）用静止法测定超瞬变电抗 X_d''、X_q'' 或瞬变电抗 X_d'、X_q'。

四 实验仪器与设备

方法一　DDSZ-1 电机实验台、DD03、DJ23、DJ18

　　　　挂件排列顺序：D44、D33、D32、D34-3、D51、D41

方法二　三相同步发电机组、三相调压器、直流电源、电气仪表、开关、可变电阻器

五 实验方法

（一）方法一

1. 用转差法测定同步发电机的同步电抗 X_d、X_q

（1）按图 6-6 接线。同步发电机 GS 定子绕组用 Y 形接法。校正直流测功机 MG 按他励电动机方式接线，用作 GS 的原动机。R_{fM} 选用 D44（1800Ω）电阻，调至最小。R_{st} 选用 D44（180Ω）电阻，调至最大。R 选用 D41 上 90Ω 固定电阻。开关 S 合向 R 端。

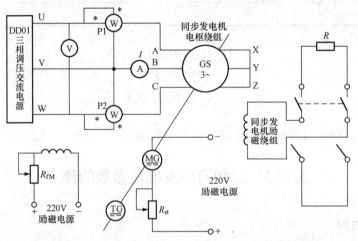

图 6-6　转差法测同步发电机的同步电抗接线图

（2）三相调压器旋钮归零，功率表电流线圈短接。检查电枢电源开关及励磁电源开关都应在"关"的位置。

（3）接通电源总开关，按下"启动"按钮，先接通励磁电源，后接通电枢电源，启动直流电动机 MG，观察电动机转向。

（4）断开电枢电源和励磁电源，使直流电动机 MG 停机。再调节调压器旋钮，给三相同步电机加一电压，使同步电动机启动，观察同步电机转向。

（5）若此时同步电机转向与直流电动机转向一致，则说明同步电机定子旋转磁场与转子转向一致。若不一致，将三相电源任意两相换接，使定子旋转磁场转向改变。

（6）调节调压器给同步发电机加 5%～15% 的额定电压（电压数值不宜过高，以免磁阻转矩将电机牵入同步，同时也不能太低，以免剩磁引起较大误差）。

（7）调节直流电机 MG 转速，使之升速到接近 GS 的额定转速 1500r/min，直至同步发电机电枢电流表指针缓慢摆动（电流表量程选用 0.3A 挡），在同一瞬间读取电枢电流周期性摆动的最小值与相应电压最大值以及电流周期性摆动最大值和相应电压最小值。测此两组数据并记录于表 6 - 20 中。

表 6 - 20   转差法测定同步发电机的同步电抗 X_d、X_q 实验数据

序号	I_{max}（A）	U_{min}（V）	X_q（Ω）	I_{min}（A）	U_{max}（V）	X_d（Ω）
1						
2						

表 6 - 20 中 X_q、X_d 的计算：

$$X_q = \frac{U_{min}}{\sqrt{3}I_{max}}$$

$$X_d = \frac{U_{min}}{\sqrt{3}I_{min}}$$

2. 用反同步旋转法测定同步发电机的负序电抗 X_2 及负序电阻 r_2

（1）在上述实验的基础上，将同步发电机电枢绕组任意两相对换，以改换相序使同步发电机的定子旋转磁场和转子转向相反。

（2）开关 S 闭合在短接端（图 6 - 6 所示下端），调压器旋钮归零，功率表处于正常测量状态（拆掉电流线圈的短接线）。

（3）启动直流电动机 MG，并使其升至额定转速 1500r/min。顺时针缓慢调节调压器旋钮，使三相交流电源逐渐升压，直至同步发电机电枢电流达 30%～40% 额定电流。读取电枢绕组电压、电流和功率值并记录于表 6 - 21 中。

表 6 - 21   反同步旋转法测定同步发电机的负序电抗 X_2 及负序电阻 r_2 实验数据

I（A）	U（V）	P_I（W）	P_{II}（W）	P（W）	r_2（Ω）	X_2（Ω）

表 6 - 21 中：

$$P = P_I + P_{II}$$

$$Z_2 = U/(\sqrt{3}I)$$

$$r_2 = P/(3I^2)$$

$$X_2 = \sqrt{Z_2^2 - r_2^2}$$

3. 用单相电源测同步发电机的零序电抗 X_0

（1）按图 6-7 将 GS 的三相电枢绕组首尾依次串联，接至单相交流电源 U、N 端上。调压器退至零位，同步发电机励磁绕组短接。

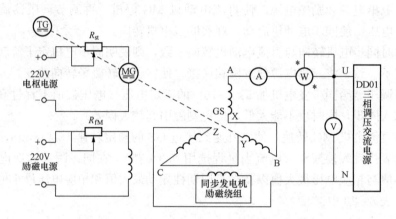

图 6-7　单相电源测同步发电机的零序电抗

（2）启动直流电动机 MG 并使其升至额定转速 1500r/min。

（3）接通交流电源并调节调压器使 GS 定子绕组电流上升至额定电流值。

（4）测取此时的电压、电流和功率值并记录于表 6-22 中。

表 6-22　　　　　　　　　　用单相电源测同步发电机的零序电抗 X_0 实验数据

$U(V)$	$I(A)$	$P(W)$	$X_0(\Omega)$

表 6-22 中 X_0 的计算：

$$Z_0 = U/(3I)$$
$$r_0 = P/(3I^2)$$
$$X_0 = \sqrt{Z_0^2 - r_0^2}$$

4. 用静止法测超瞬变电抗 X_d''、X_q'' 或瞬变电抗 X_d'、X_q'

（1）按图 6-8 将 GS 三相电枢绕组连接成星形，任取两相端点接至单相交流电源 U、N 端上。两只电流表均用 D32 挂件。

（2）调压器归零，同步发电机励磁绕组短接。

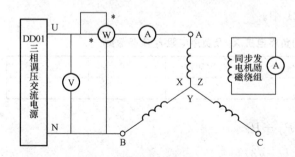

图 6-8　静止法测超瞬变电抗

（3）接通交流电源并调节调压器逐渐升高输出电压，使同步发电机定子绕组电流接近 $20\%I_N$。

（4）用手慢慢转动同步发电机转子，观察两只电流表读数的变化，仔细调整同步发电机转子的位置使两只电流表读数达最大。读取该位置时的电压、定子绕组电流、功率值并记录于表 6-23 中。从这些数

据可测定 X''_d。

（5）把同步发电机转子转过 $45°$，在此附近仔细调整同步发电机转子的位置使两只电流表指示达最小。读取该位置时的电压 U、电流 I、功率 P 值并记录于表 6-24 中。从这些数据可测定 X''_q。

（6）若三相同步发电机无阻尼绕组，所测电抗即为瞬变电抗 X'_d、X'_q。

表 6-23　　　　　　　　　　静止法测超瞬变电抗 X''_d 实验数据

$U(V)$	$I(A)$	$P(W)$	$X''_d(\Omega)$

表 6-23 中 X''_d 的计算：

$$Z''_d = U/(2I)$$
$$r''_d = P/(2I^2)$$
$$X''_d = \sqrt{Z''^2_d - r''^2_d}$$

表 6-24　　　　　　　　　　静止法测超瞬变电抗 X'_q 实验数据

$U(V)$	$I(A)$	$P(W)$	$X''_q(\Omega)$

表 6-24 中 X''_q 的计算：

$$Z''_q = U/(2I)$$
$$r''_q = P/(2I^2)$$
$$X''_q = \sqrt{Z''^2_q - r''^2_q}$$

（二）方法二

1. 用转差法测定同步发电机的同步电抗 X_d、X_q

（1）按图 6-9 接线。测 X_d、X_q 时可以不接功率表。S3 断开，发电机励磁绕组开路，将三相自耦调压器归零。

（2）合上 S2，启动直流电动机 M，调节电阻 R_{fM}，使同步发电机的转速接近于同步转速。

（3）合上 S1，慢慢地调节三相自耦调压器的输出电压到 $(5\%\sim15\%)U_N$。注意：所加电压不能太高，以免因磁阻转矩将同步发电机拖入同步。但又不能太低，以免因剩磁电压引起过大的误差。

（4）检查发电机转子的转向应与旋转磁场的转向一致。如定子回路中电压和电流表的指针慢慢地左右摆动，则表示转向正确。如指针不摆动或抖动，则表示转向错了，此时应停机改换定子相序或改变直流电动机的转向，以纠正转向，然后重复上述步骤。

（5）细调三相同步发电机的转速至同步转

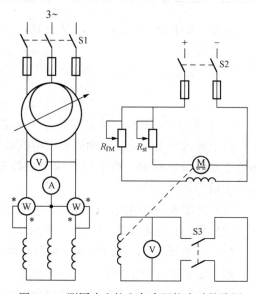

图 6-9　测同步电抗和负序阻抗实验接线图

速，三相同步发电机电枢电流表指针摆动很慢（转差越大，摆动越快；转差越小，摆动越慢）。在同一瞬间读取电枢电流表周期性摆动的最小值 $I_{\min}$ 和最大值 $I_{\max}$ 与相对应的定子电压的最大值 $U_{\max}$ 和最小值 $U_{\min}$ 共两组数据，记录于表 6 - 25 中。

（6）一共测取两组数据，取其平均值作为实验结果。

表 6 - 25   转差法测定同步发电机的同步电抗 X_d、X_q 实验数据   ($n=n_N=$___)

序号	$I_{\max}(A)$	$U_{\min}(V)$	$X_q(\Omega)$	$I_{\min}(A)$	$U_{\max}(V)$	$X_d(\Omega)$
1						
2						

表 6 - 25 中 X_q、X_d 的计算： $X_q = U_{\min}/\sqrt{3}I_{\max}$

$$X_d = U_{\max}/\sqrt{3}I_{\min}$$

2. 用反同步旋转法测定同步发电机的负序电抗 X_2 及负序电阻 r_2

（1）按图 6 - 9 接线。调压器归零，合上开关 S3，将发电机转子绕组短路，图中功率表用低功率因数功率表。

（2）在上述实验的基础上，将三相同步发电机 GS 电枢绕组任意两相互换，使定子旋转磁场的转向与转子的转向相反。

（3）合上开关 S2，启动直流电动机，将转速调至三相同步发电机 GS 的额定转速，并保持不变。

（4）合上 S1，调节自耦调压器的输出电压，使电枢电流不超过 $30\%\sim40\%$ 额定电流。读取此时电枢绕组相电压、相电流和功率值，并记录于表 6 - 26 中。

表 6 - 26   反同步旋转法测定同步发电机的负序电抗 X_2 及负序电阻 r_2
实验数据   ($n=n_N=$___)

$I(A)$	$U(V)$	$P_{I}(W)$	$P_{II}(W)$	$P(W)$	$r_2(\Omega)$	$X_2(\Omega)$

表 6 - 26 中 P、Z_2、r_2、X_2 的计算： $P=P_{I}+P_{II}$

$$Z_2 = U/(\sqrt{3}I)$$
$$r_2 = P/(3I^2)$$
$$X_2 = \sqrt{Z_2^2 - r_2^2}$$

3. 用单相电源测同步发电机的零序电抗 X_0

对于有六个出线端的三相同步发电机电枢绕组，将三个绕组首末端串接成开口三角形，如图 6 - 10（a）所示。对于只有四个出线端的电枢绕组，须将电枢绕组并联，如图 6 - 10（b）所示。

（1）按图 6 - 10 接线，将同步发电机励磁绕组短接。

（2）启动直流电动机 M，将三相同步发电机转速调至额定转速，并保持不变。

（3）合上开关 S，通过单相调压器给电枢绕组供电。对于图 6 - 10（a）接法，将电流调至 1 倍额定电流；对于图 6 - 10（b）接法，将电流调至 3 倍额定电流。

（4）按图 6 - 10（a）接线，测取此时的电压、电流和功率值并记录于表 6 - 27 中。

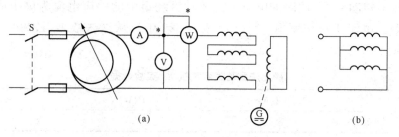

图 6-10　单相电源测同步发电机的零序电抗

(a) 三相电枢绕组首末端相连；(b) 三相电枢绕组并联

表 6-27　　　　　单相电源测同步发电机的零序电抗 X_0 实验数据　　　　　$(n= n_N=\_\_\_\_)$

$U(V)$	$I(A)$	$P(W)$	$X_0(\Omega)$

表 6-27 中 X_0 的计算：

$$Z_0 = U/(3I)$$
$$r_0 = P/(3I^2)$$
$$X_0 = \sqrt{Z_0^2 - r_0^2}$$

4. 用静止法测超瞬变电抗 X_d''、X_q'' 或瞬变电抗 X_d'、X_q'

(1) 按图 6-11 接线。将发电机定子绕组任意两相串联后接到单相电源，另一相断开，励磁绕组直接短接，调压器退至零位。

(2) 合上 S（三相同步发电机转子静止），缓慢调节调压器输出电压，使定子电流 $I=0.25I_N$ 左右。

(3) 用手缓慢转动转子，观察同步发电机电枢电流及励磁绕组感应电流的变化。

(4) 将转子静止在电枢电流及励磁绕组感应电流为最大值处，读取此时的电枢电压 U、电流 I 和功率值，记录于表 6-28 中。从这些数据可求出直轴中超瞬变电抗 X_d''。

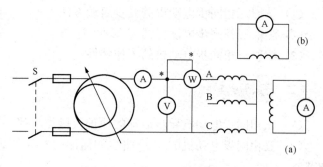

图 6-11　静止法测超瞬变电抗

(a) 直轴；(b) 交轴

表 6-28　　　　　静止法测超瞬变电抗 X_d'' 实验数据　　　　　$(n=0)$

$U(V)$	$I(A)$	$P(W)$	$X_d''(\Omega)$

表 6-28 中 X_d'' 的计算：

$$Z_d'' = U/(2I)$$
$$r_d'' = P/(2I^2)$$
$$X_d'' = \sqrt{Z_d''^2 - r_d''^2}$$

（5）将转子转动 $90°$，此时的电枢电流及励磁绕组中的感应电流为最小值。读取此时的电枢电压 U、电流 I 和功率值，记录于表 6-29 中。从这些数据可求出交轴超瞬变电抗 X_q''。

表 6-29	静止法测超瞬变电抗 X_q'' 实验数据		$(n=0)$
$U(\mathrm{V})$	$I(\mathrm{A})$	$P(\mathrm{W})$	$X_q''(\Omega)$

表 6-29 中 X_q'' 的计算：

$$Z_q' = U/(2I)$$
$$r_q'' = P/(2I^2)$$
$$X_q'' = \sqrt{Z_q'^2 - r_q''^2}$$

（6）若三相同步发电机无阻尼绕组，所测电抗即为瞬变电抗 X_d'、X_q'。

 本实验报告请扫描封面或目录中的二维码下载使用。

实验 4　三相同步电动机

一　实验目的

（1）掌握三相同步电动机的异步启动方法。
（2）测取三相同步电动机的 V 形曲线。
（3）测取三相同步电动机的工作特性。

二　预习要点

（1）三相同步电动机异步启动的原理及操作步骤。
（2）三相同步电动机的 V 形曲线如何测得？为什么同步电动机的功率因数可以认为可调节？
（3）三相同步电动机的工作特性有哪些？它们各在什么条件下测取？

三　实验项目

（1）三相同步电动机的异步启动。
（2）测取三相同步电动机 V 形曲线。
（3）测取三相同步电动机的工作特性。

四　实验仪器与设备

方法一　DDSZ-1 电机实验台、DD03、DJ23、DJ18
　　　　挂件排列顺序：D31、D42、D33、D32、D34-3、D41、D52、D51、D31
方法二　三相同步电动机组、三相调压器、直流电源、电气仪表、开关、电阻器、负载

五 实验方法

（一）方法一

1. 三相同步电动机的异步启动

（1）按图 6-12 接线。同步电动机 MS 选用 DJ18（Y 形接法，额定电压 $U_N = 220V$）；R_{fG} 选用 D41（225Ω）；R_{fM} 选用 D42（1800Ω），调至最小；R_L 选用 D42（2250Ω），调至最大；R 选用 D41（90Ω 固定电阻），为 MS 励磁绕组阻值的 10 倍。

（2）将交流电流表、功率表的电流线圈短接，以免启动时冲击电流损坏仪表。将调压器旋钮逆时针方向旋转至零位。开关 S 闭合于励磁电源一侧（图 6-12 中为上端）。

（3）接通电源，按下"启动"按钮。调节 D52 同步电动机励磁电源调压旋钮及 R_{fG} 阻值，使同步电动机励磁电流 I_{fG} 约 0.7A 左右，然后将开关 S 闭合于 R 电阻一侧（图 6-12 中为下端）。

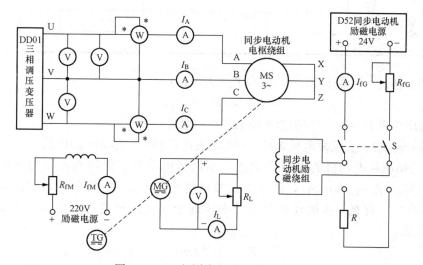

图 6-12　三相同步电动机实验接线图

（4）顺时针方向调节调压器旋钮，升压至同步电动机额定电压 220V，观察电机旋转方向，若不符合则应调整相序使电机旋转方向符合要求。

（5）当转速接近同步转速 1500r/min 时，迅速把开关 S 从下端切换到上端，让同步电动机励磁绕组加直流励磁而强制拉入同步运行。异步启动同步电动机的整个启动过程完毕，接通交流电流表、功率表，使仪表正常工作。

2. 测取三相同步电动机的 V 形曲线

（1）输出功率 $P_2 = 0$ 时的 V 形曲线。

1）按上述步骤启动同步电动机后，保持电动机端电压 $U = U_N$、转速 $n = n_N$ 和输出功率 $P_2 = 0$（空载）不变。

2）调节同步电动机的励磁回路电阻 R_{fG} 使 I_{fG} 增加，此时同步电动机的定子三相电流 I 亦随之增加直至额定值，记录定子三相电流 I 和相应的励磁电流 I_{fG}、输入功率 P_1。

3）调节 I_{fG} 使之逐渐减小，此时 I 亦随之减小直至最小值，记录此时 MS 的定子三相电流 I、励磁电流 I_{fG} 及输入功率 P_1。

4）继续减小同步电动机的励磁电流 I_{fG}，直到同步电动机的定子三相电流增大并达到额定值。

5）在过励和欠励范围内读取数据 9～10 组，记录于表 6-30 中。

表 6-30　　　　　　　　三相同步电动机 $P_2 \approx 0$ 时的 V 形曲线实验数据

（$n=$＿＿ r/min, $U=$＿＿ V，$P_2=0$）

序号		1	2	3	4	5	6	7	8	9	10
定子三相电流 I(A)	I_A										
	I_B										
	I_C										
	I										
励磁电流 I_{fG}(A)	I_{fG}										
输入功率 P_1(W)	P_I										
	P_{II}										
	P_1										

表 6-30 中 I、P_1 的计算：　　$I=(I_A+I_B+I_C)/3$
$$P_1 = P_I + P_{II}$$

（2）输出功率 $P_2=0.5$ 倍额定功率时的 V 形曲线。

1）同轴连接校正直流发电机 MG（按他励发电机接线）作 MS 的负载。

2）按三相同步电动机的异步启动法启动同步电动机，保持直流发电机的励磁电流为规定值（50mA 或 100mA），改变直流发电机负载电阻 R_L 的大小，使同步电动机输出功率 P_2 改变。直至同步电动机输出功率接近于 0.5 倍额定功率且保持不变。输出功率按下式计算：

$$P_2 = 0.105nT_2$$

式中　n——电机转速，r/min；

　　　T_2——由直流发电机负载电流 I_L 查对应转矩，Nm。

3）调节同步电动机的励磁电流 I_{fG} 使之增加，此时同步电动机的定子三相电流 I 亦随之增加，直到同步电动机达额定电流，记录定子三相电流 I 和相应的励磁电流 I_{fG}、输入功率 P_1。

4）调节 I_{fG} 使之逐渐减小，这时 I 亦随之减小直至最小值，记录此时的定子三相电流 I、励磁电流 I_{fG}、输入功率 P_1。继续调小 I_{fG}，此时同步电动机的定子电流 I 反而增大直到额定值。在过励和欠励范围内读取数据 9～10 组，记录于表 6-31 中。

表 6-31　　　　　　　　三相同步电动机 $P_2 \approx 0.5P_N$ 时的 V 形曲线实验数据

（$n=$＿＿ r/min；$U=$＿＿ V；$P_2=0.5P_N$）

序号		1	2	3	4	5	6	7	8	9	10
定子三相电流 I(A)	I_A										
	I_B										
	I_C										
	I										

续表

序号		1	2	3	4	5	6	7	8	9	10
励磁电流 I_{fG}（A）	I_{fG}										
输入功率 P_1（W）	P_I										
	P_{II}										
	P_1										

表 6-31 中 I、P_1 的计算：　　　$I=(I_A+I_B+I_C)/3$

$$P_1=P_I+P_{II}$$

3. 测取三相同步电动机的工作特性

（1）按三相同步电动机的异步启动法启动同步电动机。

（2）调节直流发电机的励磁电流为规定值并保持不变。

（3）调节直流发电机的负载电流 I_L，同时调节同步电动机的励磁电流 I_{fG} 使同步电动机输出功率 P_2 达额定值及功率因数为 1。

（4）保持此时同步电动机的励磁电流 I_{fG} 及校正直流测功机的励磁电流恒定不变，逐渐减小直流电机的负载电流，使同步电动机输出功率逐渐减小直至为零，读取定子电流 I、输入功率 P_1、输出转矩 T_2、转速 n。共取数据 6～7 组并记录于表 6-32 中。

表 6-32　　　　　　　　　　**三相同步电动机的工作特性实验数据**

$(U=U_N=$____ V; $I_{fG}=$____ A; $n=$____ r/min$)$

序号		1	2	3	4	5	6	7	8	9	10
同步电动机输入	I_A										
	I_B										
	I_C										
	I										
	P_I										
	P_{II}										
	P_1										
	$\cos\varphi$										
同步电动机输出	I_L										
	T_2										
	P_2										
	η										

表 6-32 中 I、P_1、P_2、η 的计算：　　　$I=(I_A+I_B+I_C)/3$

$$P_1=P_I+P_{II}$$

$$P_2=0.105nT_2$$

$$\eta=P_2/P_1\times100\%$$

（二）方法二

1. 三相同步电动机的异步启动

（1）如图 6 - 13 接线。开关 S3 合至右边，经附加电阻 R_T 短路。R_T 的阻值为同步电动机 MS 励磁绕组阻值的 10 倍。

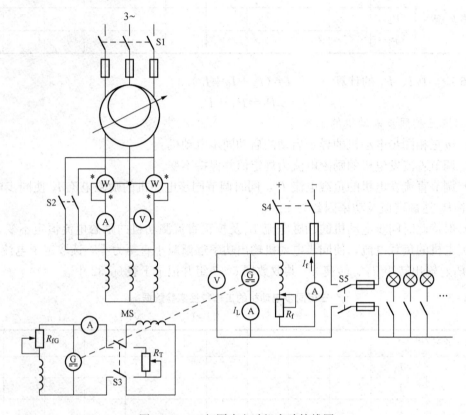

图 6 - 13　三相同步电动机实验接线图

（2）合上开关 S2，将电流表、功率表的电流线圈短接。合上开关 S1，调节三相调压器输出电压至同步电动机 MS 额定电压，观察电动机旋转方向，若不符合则应调整相序使电动机旋转方向符合要求。

（3）当转速接近同步转速时，迅速将 S3 合至左边，给同步电动机 MS 励磁绕组通入励磁电流，将同步电动机 MS 强制牵入同步运行。断开开关 S2，同时调节励磁电流 I_{fG}，使电枢电流达到最小值，同步电动机的整个异步启动过程完毕。

2. 测取三相同步电动机输出功率 $P_2 = 0$ 时的 V 形曲线

（1）启动结束后，使同步电动机 MS 工作在空载状态，即 $U = U_N$、$f = f_N$、$P_2 = 0$（直流发电机 G 空载且不加励磁）。

（2）调节同步电动机励磁回路电阻 R_{fG}，使励磁电流 I_{fG} 增加。此时电动机电枢电流也随之增加，直到电枢电流达到 $I = I_N$，电动机处于过励状态。

（3）调节同步电动机励磁电流 I_{fG} 使之逐步减小，此时电动机电枢电流也随之减小直到最小值，记录此点数据。

（4）继续减小 I_{fG}，电枢电流又上升，直到电枢电流达到 $I = I_N$。

（5）在过励和欠励范围内各读取数据 9～10 组，记录于表 6 - 33 中。

表 6 - 33   三相同步电动机 V 形曲线测定实验数据

$(U=U_N=\underline{\quad} \ \text{V}$ ， $n=\underline{\quad} \ \text{r/min})$

序号		1	2	3	4	5	6	7	8	9	10
$P_2=0$	I										
	I_{fG}										
$P_2=0.5P_N$	I										
	I_{fG}										

3. 测取三相同步电动机输出功率 $P_2=0.5\ P_N$ 时的 V 形曲线

（1）按前述方法启动同步电动机。闭合开关 S4，在电动机端电压 $U=U_N$ 和 $f=f_N$ 的条件下，调节 R_{fM} 增加负载并保持同步电动机输出功率 $P_2=0.5\ P_N$ 不变（$P_2=0.105nT_2$，式中 T_2 为电动机输出转矩，单位为 Nm，可从测功机上直接读取）。

（2）重复上述实验步骤，记录数据于表 6 - 33 中。

4. 测取三相同步电动机的工作特性

（1）启动三相同步电动机后，合上开关 S4，使直流发电机 G 建立电压达额定值，并保持不变。

（2）调节调压器的输出电压，使三相同步电动机端电压为额定值，并在整个实验过程中保持不变。

（3）合上开关 S5，增加三相同步电动机 MS 的负载，并调节三相同步电动机 MS 的励磁电流 I_{fG}，使达到 $U_1=U_{1N}$、$I_1=I_{1N}$、$\cos\varphi=1$。

（4）保持此时三相同步电动机 MS 的励磁电流 I_{fG} 不变，逐次减小直流发电机 G 的负载，直至为零。测取同步电动机 MS 的电枢电流 I、输出功率 P_2、功率因数 $\cos\varphi$ 和对应的直流发电机 G 的负载电流 I_L 和励磁电流 I_f，共读取 6～7 组数据，记录于表 6 - 34 中。

表 6 - 34   三相同步电动机工作特性测定实验数据

$(U=U_N=\underline{\quad} \ \text{V}$ ， $I_{fG}=\underline{\quad} \ \text{A}$ ， $n_N=\underline{\quad} \ \text{r/min})$

序号		1	2	3	4	5	6	7
同步电动机输入	$I(A)$							
	$P_I(W)$							
	$P_{II}(W)$							
	$P_1(W)$							
	$\cos\varphi$							
直流发电机	$I_L(A)$							
	$I_f(A)$							
同步电动机输出	$T_2(N\cdot m)$							
	$P_2(W)$							
	$\eta(\%)$							

（5）根据校正过的直流发电机的负载电流 I_L 及励磁电流 I_{fG} 数据，从其校正曲线上查得对应的输入转矩 T，即电动机的输出转矩 T_2。

表 6-34 中 P_1、P_2、η 的计算：

$$P_1 = P_I + P_{II}$$
$$P_2 = 0.105nT_2$$
$$\eta = P_2/P_1 \times 100\%$$

 本实验报告请扫描封面或目录中的二维码下载使用。

第七章　电机机械特性的测定

实验1　直流他励电动机在各种运转状态下的机械特性

一　实验目的

了解和测定他励直流电动机在各种运转状态下的机械特性。

二　预习要点

（1）改变他励直流电动机机械特性有哪些方法？

（2）他励直流电动机在什么情况下，从电动机运行状态进入回馈制动状态？他励直流电动机回馈制动时，能量传递关系，电动势平衡方程式及机械特性又是什么情况？

（3）他励直流电动机反接制动时，能量传递关系，电动势平衡方程式及机械特性。

三　实验项目

（1）电动及回馈制动状态下的机械特性。

（2）电动及反接制动状态下的机械特性。

（3）能耗制动状态下的机械特性。

四　实验仪器与设备

DDSZ-1实验台　　DD03、DJ15、DJ23

屏上挂件排列顺序　　D51、D31、D42、D41、D31、D44

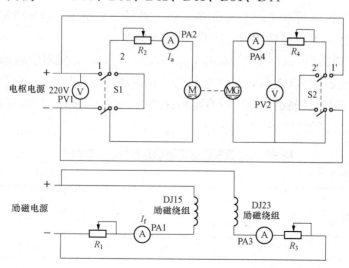

图7-1　他励直流电动机机械特性测定的实验接线图

五   实验方法

按图 7-1 接线，直流并励电动机 M：DJ15（接成他励方式）；校正直流测功机 MG：DJ23；直流电压表 PV1、PV2 量程 1000V；直流电流表 PA1、PA3 量程 200mA；、PA2、PA4 量程 5A。磁场调节电阻 R_1 选用 D44 中 1980Ω；R_2 选用 D42 中的 450Ω；R_3 选用 D42 中的 1800Ω 加 D41 中的 180Ω 共 1980Ω；R_4 选用 D42 中的 1800Ω 串 D41 中的 540Ω 共 2340Ω。开关 S1、S2 选用 D51 挂箱上的双刀双掷开关。

1. $R_2=0$ 时电动及回馈制动状态下的机械特性

（1）R_1 调为最小，R_2、R_3 及 R_4 调为最大，S1、S2 选用 D51 挂箱上的对应开关，S1 合向 1 电源端，S2 合向 2′ 短接端（见图 7-1）。

（2）励磁电源及电枢电源处在断开位置且归零。开启电源总开关，接通励磁电源，检查 R_2 阻值确在最大位置时接通电枢电源，使 M 启动运转。调节电枢电源电压为 220V；调节 R_2 阻值至零位置，调节 R_3 阻值，使电流表 PA3 为 100mA。

（3）调节 M 的电阻 R_1、MG 的负载电阻 R_4（先调节 D42 上 1800Ω 阻值，调至最小后应用导线短接）。使 M 的转速 $n=n_N=1600$r/min，$I_N=I_f+I_a=1.2$A。此时他励直流电动机的励磁电流 I_f 为额定励磁电流 I_{fN}。保持 $U=U_N=220$V，$I_f=I_{fN}$，A3 表为 100mA。增大 R_4 阻值，直至空载（拆掉开关 S2 的 2′ 上的短接线），测取 M 从额定负载至空载范围内的 n、I_a，共取 8～9 数据组记录于表 7-1 中。

表 7-1   **$R_2=0$ 时电动制动状态下的机械特性** $U_N=220$V $I_{fN}=$_____mA

序号	1	2	3	4	5	6	7	8	9
I_a(A)									
n(r/min)									

（4）在确定 S2 处于中间位置的情况下，把 R_4 调至零值位置（其中 D42 上 1800Ω 阻值调至零值后用导线短接），再逐渐减小 R_3 阻值，使 MG 的空载电压与电枢电源电压值接近相等（在开关 S2 两端测），并且极性相同，把开关 S2 合向 1′ 端。

（5）保持电枢电源电压 $U=U_N=220$V，$I_f=I_{fN}$，调节 R_3，使阻值增加，电动机转速升高，当 PA2 表的电流值为 0A 时，此时电动机转速为理想空载转速，继续增加 R_3 阻值，使电动机进入第二象限回馈制动状态运行直至转速约为 1900 r/min，测取 M 的 n、I_a。取 8～9 组数据记录于表 7-2 中。

表 7-2   **$R_2=0$ 时回馈制动状态下的机械特性实验数据**

                                            $U_N=220$V $I_{fN}=$_____mA

序号	10	11	12	13	14	15	16	17	18
I_a(A)									
n(r/min)									

（6）停机（先断电枢电源，再断励磁电源，并将开关 S2 合向到 2′ 端）。

2. $R_2 = 300\Omega$ 时的电动运行及反接制动状态下的机械特性

（1）在确保断电条件下，改接图 7-1，R_1 阻值不变，R_2 用 D42 的 900Ω 与 900Ω 并联，并用万用表调定在 300Ω，R_3 用 D42 的 1800Ω 阻值，R_4 用 D42 上 1800Ω 阻值加上 D41 上 6 只 90Ω 电阻串联共 2340Ω 阻值。

（2）S1 合向 1 端，S2 合向 2′端（短接线仍拆掉），把电机 MG 电枢的两个插头对调，R_1、R_3 置最小值，R_2 置 300Ω 阻值，R_4 置最大值。

（3）先接通励磁电源，再接通电枢电源，使电动机 M 启动运转，调节 R_3 阻值，使电流表 A3 为 100mA 并保持不变，在 S2 两端测量测功机 MG 的空载电压是否和电枢电源的电压极性相反，若极性相反，检查 R_4 阻值确在最大位置时可把 S2 合向 1′端。

（4）保持电动机的电枢电源电压 $U = U_N = 220V$，$I_f = I_{fN}$ 不变，逐渐减小 R_4 阻值（先减小 D44 上 1800Ω 阻值，调至零值后用导线短接），使电机减速直至为零。继续减小 R_4 阻值，使电动机进入反向旋转，转速在反方向上逐渐上升，此时电动机工作于电势反接制动状态运行，直至电动机 M 的 $I_a = 0.8I_{aN}$，测取电动机在 1、4 象限的 n、I_a 共取 12～13 组数据记录于表 7-3 中。

（5）停机（必须记住先断电枢电源而后断励磁电源的次序，并随手将 S2 合向到 2′端）。

表 7-3　　　　　　　　$R_2 = 300\Omega$ 时的电动运行及反接制动状态下的机械特性实验数据

$U_N = 220V$　　$I_{fN} = \underline{\quad\quad}$ mA　　　$R_2 = 300\Omega$

序号	1	2	3	4	5	6	7	8	9	10	11	12
I_a(A)												
n(r/min)												

3. 能耗制动状态下的机械特性

（1）图 7-1 中，R_1 阻值不变，R_2 用 D44 的 180Ω 固定阻值，R_3 用 D42 的 1800Ω 可调电阻，R_4 阻值不变，在反接制动基础上把电机 MG 电枢的两个插头对调回来。

（2）S1 合向 2 短接端，R_1 调为最大，R_3 调为最小，R_4 调定 180Ω 阻值，S2 合向 1′端。

（3）先接通励磁电源，再接通电枢电源，使校正直流测功机 MG 启动运转，调节电枢电源电压为 220V，调节 R_1 使电动机 M 的 $I_f = I_{fN}$，调节 R_3 使电机 MG 励磁电流为 100mA，先减少 R_4 阻值使电机 M 的能耗制动电流 $I_a = 0.8I_{aN}$，然后逐次增加 R_4 阻值，其间测取 M 的 I_a、n 共取 8—9 组数据记录于表 7-4 中。

表 7-4　　　　　　　　　能耗制动状态下的机械特性实验数据 $R_2 = 180\Omega$　　　$I_{fN} = \underline{\quad\quad}$ mA

序号	1	2	3	4	5	6	7	8
I_a(A)								
n(r/min)								

（4）把 R_2 调定在 90Ω 阻值，重复上述实验操作步骤（2）、（3），测取 M 的 I_a、n 共取 5～7 组数据记录于表 7-5 中。当忽略不变损耗时，可近似认为电动机轴上的输出转矩等于电动机的电磁转矩 $T = C_M \Phi I_a$，他励电动机在磁通 Φ 不变的情况下，其机械特性可以由曲线 $n = f(I_a)$ 来描述。

表 7 - 5			能耗制动状态下的机械特性实验数据　$R_2 = 90\Omega$　　$I_{fN} = $ _____ mA					
序号	1	2	3	4	5	6	7	8
$I_a(A)$								
$n(r/min)$								

 本实验报告请扫描封面或目录中的二维码下载使用。

实验 2　三相异步电动机在各种运行状态下的机械特性

一　实验目的

了解三相绕线式异步电动机在各种运行状态下的机械特性。

二　预习要点

（1）如何利用现有设备测定三相线绕式异步电动机的机械特性？
（2）测定各种运行状态下的机械特性应注意哪些问题？
（3）如何根据所测出的数据计算被试电机在各种运行状态下的机械特性？

三　实验项目

（1）测定三相线绕式转子异步电动机在 $R_S = 0$ 时，电动运行状态和再生发电制动状态下的机械特性。
（2）测定三相线绕转子异步电动机在 $R_S = 36\Omega$ 时，测定电动状态与反接制动状态下的机械特性。
（3）$R_S = 36\Omega$，定子绕组加直流励磁电流 $I_1 = 0.6I_N$ 及 $I_2 = I_N$ 时，分别测定能耗制动状态下的机械特性。

四　实验设备与仪表

DDSZ - 1 电机实验台　　　　DD03　　DJ23　　DJ17
屏上挂件排列顺序　　　　　　D33、D32、D34 - 3、D51、D31、D44、D42、D41、D31

五　实验方法

1. $R_S = 0$ 时的电动及再生发电制动状态下的机械特性
（1）按图 7 - 2 接线，图中 M：DJ17、Y 接法。MG：DJ23。S1、S2、S3 选用 D51 对应开关，并将 S1 合向左边 1 端，S2 合在左边短接端（即线绕式电机转子短路），S3 合在 2′ 位置。R_1 选用 D44 的 180Ω 阻值加上 D42 上四只 900Ω 串联再加两只 900Ω 并联共 4230Ω 阻值，R_2 选用 D44 上 1800Ω 阻值，R_S 选用 D41 上三组 45Ω 可调电阻（每组为 90Ω 与 90Ω 并联），并用万用表调定在 36Ω 阻值，R_3 暂不接。直流电表 PA2、PA4 的量程为 5A，PA3 量程为 200mA，PV2 的量程为 1000V，交流电表 PV1 的量程为 300V，PA1 量程为 3A。

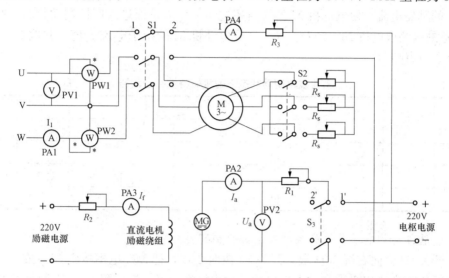

图 7 - 2　三相线绕转子异步电动机机械特性的接线图

（2）确定 S1 合在左边 1 端，S2 合在左边短接端，S3 合在 2′位置，M 的定子绕组接成星形的情况下。把 R_1、R_2 阻值置最大位置，将控制屏左侧三相调压器旋钮向逆时针方向旋到底，即把输出电压调到零。

（3）检查直流电机电源的励磁电源及电枢电源都须在断开位置。接通三相调压电源总开关，按下开关按钮，旋转调压器旋钮使三相交流电压慢慢升高，观察电机转向是否符合要求。若符合要求则升高到 $U=110V$，并在以后实验中保持不变。接通励磁电源，调节 R_2 阻值，使 PA3 表为 100mA 并保持不变。

（4）接通"电枢电源"开关，在开关 S3 的 2′端测量电机 MG 的输出电压的极性，先使其极性与 S3 开关 1′端的电枢电源相反。在 R_1 阻值为最大的条件下将 S3 合向 1′位置。

（5）调节"电枢电源"输出电压或 R_1 阻值，使电动机从接近于堵转到接近于空载状态，其间测取电机 MG 的 U_a、I_a、n 及电动机 M 的电流表 PA$_1$ 的 I_1 值，共取 8～9 组数据记录于表 7 - 6 中。

表 7 - 6　　　　　　　　　　　　电动制动状态下的机械特性实验数据

$U=110V$　　　　$R_S=0\Omega$　　　$I_f=$_____mA

序号	1	2	3	4	5	6	7	8	9
$U_a(V)$									
$I_a(A)$									
$n(r/min)$									
$I_1(A)$									

（6）当电动机接近空载而转速不能调高时，将 S3 合向 2′位置，调换 MG 电枢极性（在开关 S3 的两端换）使其与电枢电源同极性。调节电枢电源电压值使其与 MG 电压值接近相

等，将 S3 合至 1′端。保持 M 端三相交流电压 $U=110\text{V}$，减小 R_1 阻值直至短路位置（注：D42 上 6 只 900Ω 阻值调至短路后应用导线短接）。升高电枢电源电压或增大 R_2 阻值（减小电机 MG 的励磁电流）使电动机 M 的转速超过同步转速 n_0 而进入回馈制动状态，在 1700r/min～n_0 范围内测取电机 MG 的 U_a、I_a、n 及电动机 M 的定子电流 I_1 值，共取 8～9 组数据记录于表 7 - 7 中。

表 7 - 7　　　　再生发电制动状态下的机械特性实验数据　　　$U=110\text{V}$　$R_S=0\Omega$

序号	1	2	3	4	5	6	7	8	9
$U_a(\text{V})$									
$I_a(\text{A})$									
$n(\text{r/min})$									
$I_1(\text{A})$									

2.$R_S=36\Omega$ 时的电动及反转性状态下的机械特性

（1）开关 S2 合向右端 36Ω 端。开关 S3 拨向 2′端，把 MG 电枢接到 S3 上的两个接线端对调，以便使 MG 输出极性和"电枢电源"输出极性相反。把电阻 R_1、R_2 调至最大。

（2）保持电压 $U=110\text{V}$ 不变，调节 R_2 阻值，使 PA3 表为 100mA。调节电枢电源的输出电压为最小位置。在开关 S3 的 2′端检查 MG 电压极性须与 1′的电枢电源极性相反。可先记录此时 MG 的 U_a、I_a 值，将 S3 合向 1′端与电枢电源接通。测量此时电机 MG 的 U_a、I_a、n 及 A1 表的 I_1 值，减小 R_1 阻值（先调 D42 上四个 900Ω 串联的电阻）或调高"电枢电源"输出电压使电动机 M 的 n 下降，直至 n 为零。并把 R_1 的 D42 上四个 900Ω 串联电阻调至零值位置后应用导线短接，继续减小 R_1 阻值或调高电枢电压使电机反向运转。直至 n 为 -1400r/min 为止，在该范围内测取电机 MG 的 U_a、I_a、n 及 A1 表的 I_1。共取 11～12 组记录于表 7 - 8 中。

表 7 - 8　　　　电动及反转性状态下的机械特性实验数据

$U=110\text{V}$　$R_S=36\Omega$　$I_f=$____mA

序号	1	2	3	4	5	6	7	8	9	10	11	12
$U_a(\text{V})$												
$I_a(\text{A})$												
$n(\text{r/min})$												
$I_1(\text{A})$												

（3）停机（先将 S2 合至 2′端，关断电枢电源再关断励磁电源，调压器调至零位，按下"关"按钮）。

3.能耗制动状态下的机械特性

（1）确认在"停机"状态下。把开关 S1 合向右边 2 端，S2 合向右端（R_S 仍保持 36Ω 不变），S3 合向左边 2′端，R_1 用 D44 上 180Ω 阻值并调至最大，R_2 用 D42 上 1800Ω 阻值并调至最大，R_3 用 D42 上 900Ω 与 900Ω 并联再加上 900Ω 与 900Ω 并联共 900Ω 阻值并调至最大。

（2）开启励磁电源，调节 R_2 阻值，使 PA3 表 $I_f=100\text{mA}$，开启电枢电源，调节电枢电

源的输出电压 $U=220\text{V}$，再调节 R_3 使电动机 M 的定子绕组流过 $I=0.6I_N=0.36\text{A}$ 并保持不变。

（3）在 R_1 阻值为最大的条件下，把开关 S3 合向右边 $1'$ 端，减小 R_1 阻值，使电机 MG 启动运转后转速约为 1600r/min，增大 R_1 阻值或减小电枢电源电压（但要保持 PA4 表的电流 I 不变）使电机转速下降，直至转速 n 约为 100r/min，其间测取电机 MG 的 U_a、I_a 及 n，共取 10～11 组数据记录于表 7 - 9 中。

表 7 - 9　　　　　　　　　　　能耗制动状态下的机械特性实验数据

$R_S=36\Omega$　　$I=0.36\text{A}$　　$I_f=$ _____ mA

序号	1	2	3	4	5	6	7	8	9	10	11
U_a(V)											
I_a(A)											
n(r/min)											

（4）停机。步骤同上。

（5）调节 R_3 阻值，使电机 M 的定子绕组流过的励磁电流 $I=I_N=0.6\text{A}$。重复上述操作步骤，测取电机 MG 的 U_a、I_a 及 n，共取 10～11 组数据记录于表 7 - 10 中。

表 7 - 10　　　　　　　　　　　能耗制动状态下的机械特性实验数据

$R_S=36\Omega$　　$I=0.6\text{A}$　　$I_f=$ _____ mA

序号	1	2	3	4	5	6	7	8	9	10	11
U_a(V)											
I_a(A)											
n(r/min)											

计算公式：

$$T=\frac{9.55}{n}\times\left[P_0-(U_aI_a-I_a^2R_a)\right]$$

式中　T——受试异步电动机 M 的输出转矩，N·m；

　　　U_a——测功机 MG 的电枢端电压，V；

　　　I_a——测功机 MG 的电枢电流，A；

　　　R_a——测功机 MG 的电枢电阻，Ω，可由实验室提供；

　　　P_0——对应某转速 n 时的某空载损耗，W。

上式计算的 T 值为电机在 $U=110\text{V}$ 时的 T 值，实际的转矩值应折算为额定电压时的异步电机转矩

4. 绘制电机 M - MG 机组的空载损耗曲线 $P_0=f(n)$

（1）拆掉三相线绕式异步电动机 M 定子和转子绕组接线端的所有插头，R_1 用 D44 上 180Ω 阻值并调至最大，R_2 用 D44 上 1800Ω 阻值并调至最大。直流电流表 A_3 的量程为 200mA，PA2 的量程为 5A，PV2 的量程为 1000V，开关 S3 合向右边 $1'$ 端。

（2）开启励磁电源，调节 R_2 阻值，使 PA3 表 $I_f=100\text{mA}$，检查 R_1 阻值在最大位置时开启电枢电源，使电机 MG 启动运转，调高电枢电源输出电压及减小 R_1 阻值，使电机转速约

为 1700r/min，逐次减小电枢电源输出电压或增大 R_1 阻值，使电机转速下降直至 $n=100$r/min，在其间测量电机 MG 的 U_{a0}、I_{a0} 及 n 值，记录于表 7-11 中。

表 7-11　　　　　　　　　电机 M-MG 机组的空载损耗实验数据　　　　　　　　$I_f=100$mA

序号	1	2	3	4	5	6	7	8	9
n(r/min)									
U_{a0}(V)									
I_{a0}(A)									
P_{a0}(W)									
序号	10	11	12	13	14	15	16	17	18
n(r/min)									
U_{a0}(V)									
I_{a0}(A)									
P_{a0}(W)									

实验注意事项：调节串联的可调电阻时，要根据电流值的大小而相应选择调节不同电流值的电阻，防止个别电阻器过流而引起烧坏。

本实验报告请扫描封面或目录中的二维码下载使用。

第八章　控　制　电　机　实　验

实验 1　永磁式直流测速发电机

一　实验目的

（1）了解直流测速发电机的线性误差和产生线性误差的原因。

（2）掌握用实验的方法测定直流测速发电机的输出特性。

二　预习要点

（1）理解直流测速发电机的输出特性的定义。

（2）了解在空载与负载时直流测速发电机输出特性的区别。

（3）直流测速发电机的误差主要由哪些因素造成？

三　实验项目

（1）测定直流测速发电机空载和负载时的输出特性曲线。

（2）测定直流测速发电机的线性误差。

四　实验设备与仪表

DDSZ-1 电机实验台　　DD03、DJ23

屏上挂件排列顺序　　　D44、D31

五　实验方法

（1）直流测速发电机。

按图 8-1 接线。图中直流电动机 M 选用 DJ23 作他励接法，TG 选用导轨上的永磁式直流测速发电机，R_{fl} 选用 D44 上 900Ω 阻值，R_1 选用 D44 上 180Ω 阻值调至最大位置，R_z 选用 D44 上 10k/8W 功率电阻，电流表 PA1、PA2 选用 D31 挂件，开关 S 选用 D44 上的开关，并处于断开位置。

（2）先接通励磁电源，调节电阻 R_{fl} 使励磁电流达到最大的位置，接通电枢电源，电动机 M 运行后将 R_1 调至最小。调节电阻 R_{fl}、R_1，使转速达到 2400r/min，然后逐渐使电机减速（电阻 R_1 调至最大位置以后可降低电枢电源的输

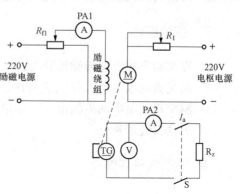

图 8-1　直流测速发电机接线图

出电压来降低转速）。记录对应的转速和输出电压。共测取 8～9 组数据记录于表 8-1 中。

表 8-1　　　　　　　　直流测速发电机空载时输出特性实验数据

序号	1	2	3	4	5	6	7	8	9
n(r/min)									
U(V)									

（3）合上开关 S，重复上面步骤，记录 8～9 组数据于表 8-2 中。

表 8-2　　　　　　　　直流测速发电机负载时输出特性实验数据

序号	1	2	3	4	5	6	7	8	9
n(r/min)									
U(V)									

 本实验报告请扫描封面或目录中的二维码下载使用。

实验 2　交流伺服电动机的特性测定

一　实验目的

（1）观察交流伺服电动机的自制动过程。
（2）掌握用实验方法配圆形磁场。
（3）掌握用实验方法测取交流伺服电动机的机械特性与调节特性。

二　预习要点

（1）对交流伺服电动机有什么技术要求？
（2）交流伺服电动机有几种控制方式？
（3）何谓交流伺服电动机的机械特性与调节特性？

三　实验项目

（1）用实验方法配堵转圆形磁场。
（2）测交流伺服电动机幅值控制时的机械特性与调节特性。
（3）测交流伺服电动机幅值——相位控制时的机械特性。
（4）观察自转现象。

四　实验设备与仪表

DDSZ-1 电机实验台　　　JSZ-1　　示波器　　光电转速表
屏上挂件排列顺序　　　　D57、D33、D32、D41

五 实验方法

1. 幅值控制

交流伺服电动机幅值控制接线如图 8-2 所示。

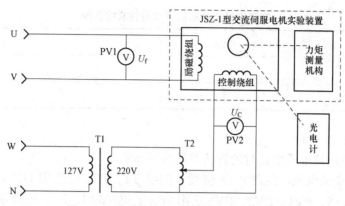

图 8-2 交流伺服电动机幅值控制接线图

（1）实测交流伺服电动机 $\alpha=1$（即 $U_C=U_N=220V$）时的机械特性。

用光电计测转速之前，先在黑色转盘上贴上一条白色的胶布或纸条。

1）关断三相交流电源，图 8-3 中 T1、T2 选用 D57 挂件，PV1、PV2 选用 D33 挂件。

2）启动三相交流电源，调节调压器，使 $U_f=220V$，再调节单相调压器 T2 使 $U_C=U_N=220V$。

3）调节棘轮机构，逐次增大力矩 $T\left[T=(F_{10}-F_2)\times3\right]$，将弹簧秤读数及电机转速记录于表 8-3 中。

表 8-3　　　　　　　　　交流伺服电动机 $\alpha=1$ 时的机械特性实验数据

$U_f=$＿＿＿ V　　　$U_C=$＿＿＿ V

序号	1	2	3	4	5	6	7	8
$F_{10}(N)$								
$F_2(N)$								
$T=(F_{10}-F_2)\times3\ (N\cdot cm)$								
$n(r/min)$								

（2）实测交流伺服电动机 $\alpha=0.75$（即 $U_C=0.75U_N=165V$）时的机械特性

1）保持 $U_f=220V$ 不变，调节单相调压器 T2 使 $U_C=0.75U_N=165V$。

2）重复上述步骤，将所测数据记录于表 8-4 中。

表 8-4　　　　　　　　交流伺服电动机 $\alpha=0.75$ 时的机械特性实验数据

$U_f=$＿＿＿ V　　　$U_C=$＿＿＿ V

序号	1	2	3	4	5	6	7	8
$F_{10}(N)$								
$F_2(N)$								
$T=(F_{10}-F_2)\times3\ (N\cdot cm)$								
$n(r/min)$								

（3）实测交流伺服电动机的调节特性。

1）调节三相调压器使 $U_f=220V$，松开棘轮机构，即电机空载。逐次调节单相调压器 T2 使控制电压 U_C 从 220V 逐次减小直到 0V。

2）将每次所测的控制电压 U_C 与电动机转速 n 记录于表 8-5 中。

表 8-5　　　　　　　　　交流伺服电动机的调节特性实验数据　　　　　　　　　$U_f=220V$

序号	1	2	3	4	5	6	7
$U_C(V)$							
n（r/min）							

2. 幅值——相位控制

（1）用实验方法使电机堵转时的旋转磁场为圆形磁场。

1）关断三相交流电源，按图 8-3 接线。图中 T1、T2、C 选用 D57 挂件。PA1、PA2 表选用 D32 上 1A 档。PV1、PV2、PV3 选用 D33 上 300V 档。R_1、R_2 选用 D41 挂件上 90Ω 并联 90Ω 共 45Ω 并用万用表调定在 5Ω。示波器两探头地线应接图中 N 线，X 踪和 Y 踪幅值量程一致，并设在叠加状态。

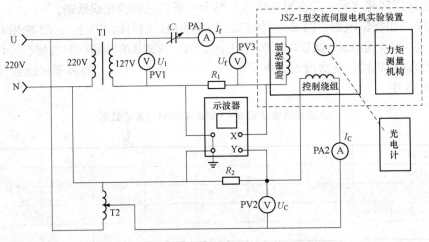

图 8-3　交流伺服电动机幅值——相位控制接线图

2）合上三相交流电源，调节三相调压器使 $U_1=127V$，再调节单相调压器 T2 使 $U_C=U_1=127V$，调节棘轮机构使电机堵转。

3）调节可变电容 C，观察 PA1 和 PA2 表，使 $I_f=I_C$，此时观察示波器轨迹应为圆形旋转磁场。并且此时 U_f 应等于 U_C。

（2）实测交流伺服电机 $U_1=127V$，$\alpha=1$（即 $U_C=U_N=220V$）时的机械特性。

1）调节单相调压器 T2 使 $U_C=U_N=220V$。松开棘轮机构，再调节棘轮机构手柄逐次增大力矩。

2）记录电机从空载至堵转时，10N 弹簧秤和 2N 弹簧秤读数及电机转速于表 8-6 中。

表 8-6　　　　　交流伺服电机 $U_1=127V$，$\alpha=1$ 时的机械特性实验数据

$U_1=$＿＿＿ V　$U_C=$＿＿＿ V

序号	1	2	3	4	5	6	7	8	9
F_{10}(N)									
F_2(N)									
$T=(F_{10}-F_2)\times3$ (N·cm)									
n(r/min)									

（3）实测交流伺服电机 $U_1=127V$，$\alpha=0.75$（即 $U_C=0.75U_N=165V$）时的机械特性。

调节三相交流电源和单相调压器使 $U_C=0.75U_N=165V$，重复上面实验，将数据记录于表 8-7 中。

表 8-7　　　　　交流伺服电机 $U_1=127V$，$\alpha=0.75$ 时的机械特性实验数据

$U_f=$＿＿＿ V　$U_C=$＿＿＿ V

序号	1	2	3	4	5	6
F_{10}(N)						
F_2(N)						
$T=(F_{10}-F_2)\times3$ (N·cm)						
n(r/min)						

3. 观察交流伺服电动机"自转"现象

（1）接线图同 8-3 一样，调节调压器使 $U_1=127V$，$U_C=220V$，再将 U_C 开路，观察电机有无自转现象。

（2）接线图同 8-3 一样，调节调压器使 $U_1=127V$，$U_C=220V$，再将 U_C 调到 0V，观察电机有无自转现象。

 本实验报告请扫描封面或目录中的二维码下载使用。

实验 3　直流伺服电动机的特性测定

一　实验目的

（1）通过实验测出直流伺服电动机的参数 r_a、K_e、K_T。

（2）掌握直流伺服电动机的机械特性与调节特性的测量方法。

二　预习要点

（1）直流伺服电动机的工作原理及控制方法。

（2）直流伺服电动机机械特性的定义。

（3）直流伺服电动机调节特性的定义。

（4）如何测量直流伺服电动机的机电时间常数，并求传递函数。

三　实验项目

（1）直流伺服电动机电枢电阻的测量。

（2）直流伺服电动机的机械特性 $T=f(n)$ 的测取。

（3）直流伺服电动机的调节特性 $n=f(U_a)$ 的测取。

四　实验设备与仪表

DDSZ‐1 电机实验台　　　　　　DD03　　DJ15　　DJ23　　记忆示波器
屏上挂件排列顺序　　　　　　D31、D42、D51、D31、D42

五　实验方法

1. 用伏安法测直流伺服电动机电枢的直流电阻

（1）按图 8‐4 接线，电阻 R 用 D42 上 900Ω 和 900Ω 串联共 1800Ω 阻值，电流表选用 D31 量程选用 5A 档，开关 S 选用 D51。

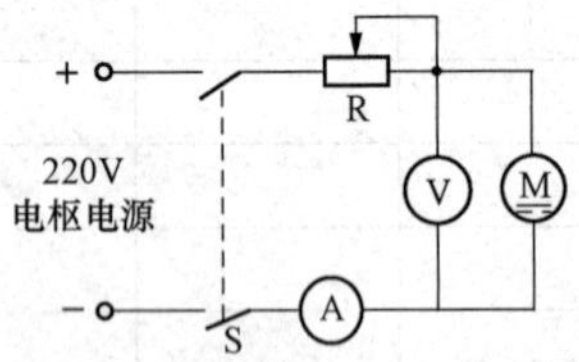

（2）经检查无误后接通电枢电源，并调至 220V，合上开关 S，调节 R 使电枢电流达到 0.2A，迅速测取电机电枢两端电压 U 和电流 I，再将电机轴分别旋转三分之一周和三分之二周。同样测取 U、I，记录于表 8‐8 中，取三次的平均值作为实际冷态电阻。

图 8‐4　测电枢绕组直流电阻接线图

表 8‐8　　　　　　　　**直流伺服电动机电枢的直流电阻测定实验数据**

序号	U(V)	I(A)	$R_a(\Omega)$	$R_{aref}(\Omega)$
1				
2				
3				

（3）计算基准工作温度时的电枢电阻。

由实验直接测得电枢绕组电阻值，此值为实际冷态电阻值，冷态温度为室温，按下式换算到基准工作温度时的电枢绕组电阻值。

$$R_{aref} = R_a \frac{235 + \theta_{ref}}{235 + \theta_a}$$

式中　R_{aref}——换算到基准工作温度时电枢绕组电阻，Ω；

　　　　R_a——电枢绕组的实际冷态电阻，Ω；

　　　　θ_{ref}——基准工作温度，对于 E 级绝缘为 75℃；

　　　　θ_a——实际冷态时电枢绕组温度，℃。

2. 测取直流伺服电动机的机械特性

（1）按图 8‐5 接线，图中 R_{f1}、R_{f2} 选用 D42 上 1800Ω 阻值，R_1 选用 D41 上 6 只 90Ω 串联共 540Ω 阻值，R_2 选用 D44 上 90Ω 阻值采用分压器接法，R_L 选用 D42 上 1800Ω 加上 900Ω 并联 900Ω 共 2250Ω 阻值，开关 S1、S2 选用 D51，PA1、PA3 选用两只 D31 上 200mA 档，

PA2、PA4 选用 D31 上安培表。

（2）把 R_{f1} 调至最小，R_1、R_2、R_L 调至最大，开关 S1、S2 打开，先接通励磁电源，再接通电枢电源并调至 220V，电机运行后把 R_1 调至最小。

（3）合上开关 S1，调节校正直流测功机 DJ23 励磁电流 $I_{f2}=100\text{mA}$ 校正值不变（如果是 DJ25 则取 $I_{f2}=50\text{mA}$）。逐渐减小 R_L 阻值（注：先调 1800Ω 阻值，调到最小后用导线短接，再调节 450Ω 的电阻部分），并增大 R_{f1} 阻值，使 $n=n_N=1600\text{r/min}$，$I_a=I_N=0.8\text{A}$，$U=U_N=220\text{V}$，此时电机励磁电流为额定励磁电流。

（4）保持此额定励磁电流不变，逐渐增加 R_L 阻值，从额定负载到空载（断开开关 S1），测取其机械特性 $n=f(T)$，其中 T 可由 I_F 从校正曲线查出，记录 n、I_a、I_F 共 7～8 组于表8-9 中。

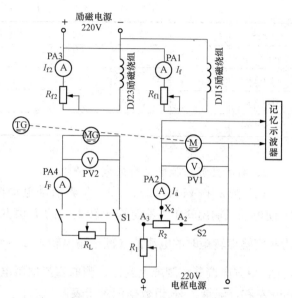

图 8-5　直流伺服电动机接线图

表 8-9　　　　　　　　　　直流伺服电动机的机械特性实验数据

$U_a=U_N=220\text{V}$　　$I_{f2}=$___mA　　$I_f=I_{fN}=$___mA

序号	1	2	3	4	5	6	7	8
$n(\text{r/min})$								
$I_a(\text{A})$								
$I_F(\text{A})$								
$T(\text{N}\cdot\text{m})$								

（5）调节电枢电压为 $U_a=176\text{V}$，调节 R_{f1}，保持电动机励磁电流的额定电流 $I_f=I_{fN}$，减小 R_L 阻值，使 $I_a=0.8\text{A}$，再增大 R_L 阻值，一直到空载，其间记录 7～8 组于表 8-10 中。

表 8-10　　　　　　　　　　直流伺服电动机的机械特性实验数据

$U_a=176\text{V}$　　$I_{f2}=$___mA　　　$I_f=I_{fN}=$___mA

序号	1	2	3	4	5	6	7	8
$n(\text{r/min})$								
$I_a(\text{A})$								
$I_F(\text{A})$								
$T(\text{N}\cdot\text{m})$								

（6）调节电枢电压为 $U_a=110\text{V}$，保持 $I_f=I_{fN}$ 不变，减小 R_L 阻值，使 $I_a=0.8\text{A}$，再增大 R_L 阻值，一直到空载，其间记录 7～8 组于表 8-11 中。

表 8 - 11   直流伺服电动机的机械特性实验数据

$U_a=110V$ $I_{f2}=$＿＿＿mA $I_f=I_{fN}=$＿＿＿mA

序号	1	2	3	4	5	6	7	8
n(r/min)								
I_a(A)								
I_F(A)								
T(N·m)								

3. 测取直流伺服电动机的调节特性

（1）按 2 中（1）、（2）、（3）步骤启动电动机，保持 $I_f=I_{fN}$、$I_{f2}=100mA$ 不变。调节 R_L 使电动机输出转矩为额定输出转矩时的 I_F 值并保持不变，即保持校正直流电机输出电流为额定输出转矩时的电流值（额定输出转矩 $T_N=\dfrac{P_N}{0.015n_N}$），调节直流伺服电动机电枢电压（注：单方向调节控制屏上旋钮）测取直流伺服电动机的调节特性 $n=f(U_a)$，直到 $n=200$r/min 左右，记录 7～8 组数据记录于表 8 - 12 中。

表 8 - 12   直流伺服电动机的调节特性实验数据

$I_{f2}=$＿＿＿mA $I_f=I_{fN}=$＿＿＿mA $I_F=$＿＿＿A（$T=T_N$）

序号	1	2	3	4	5	6	7	8
U_a(V)								
n (r/min)								

（2）保持电动机输出转矩 $T=0.5T_N$，重复以上实验，记录 7～8 组数据记录于表 8 - 13 中。

表 8 - 13   直流伺服电动机的调节特性实验数据

$I_{f2}=$＿＿＿mA $I_f=I_{fN}=$＿＿＿mA $I_F=$＿＿＿A（$T=0.5T_N$）

序号	1	2	3	4	5	6	7	8
U_a(V)								
n(r/min)								

（3）保持电动机输出转矩 $T=0$（即校正直流测功机与直流伺服电动机脱开，直流伺服电动机直接与测速发电机同轴连接），调节直流伺服电动机电枢电压。当电枢电压调至最小后合上开关 S2，减小分压电阻 R_2，直至 $n=0$r/min，其间取 7～8 组数据记录于表 8 - 14 中。

表 8 - 14   直流伺服电动机的调节特性实验数据

$I_f=I_{fN}=$＿＿＿mA $T=0$

序号	1	2	3	4	5	6	7	8
U_a(V)								
n(r/min)								

 本实验报告请扫描封面或目录中的二维码下载使用。

附录 A　DDSZ-1 型电机及电气技术实验装置说明

一、交流电源和交流仪表的使用

（1）实验开始，开启电源总开关，停止按钮指示灯亮。按下启动按钮，启动按钮指示灯亮。表示三相交流调压电源输入插孔 U1、V1、W1（黄色、绿色、红色）及 N1（黑色）端有固定线电压 380V、相电压 220V 输出。三相可调电源输出插孔 U、V、W（黄色、绿色、红色）及 N（黑色）上可输出交流电压，输出电压的大小可由控制屏左侧的调压器适当旋转旋钮而获得，电压为 0～450V 连续可调。实验完毕，按下停止按钮，还需关断"电源总开关"，并将控制屏左侧端面上安装的调压器旋钮调回到零位。

（2）交流电压（流）表分为数字式和指针式两类。根据被测回路相应数值的大小选择量程。

（3）智能功率表、功率因数表是有源电表，使用前先打开电源。

功率表使用步骤：按复位键→按功能键→显示 P→按确认键→显示测量值。

功率因数表使用步骤：按复位键→连续按两下功能键→显示 COS→按确认键→显示测量值。

二、直流电机电源和直流仪表的使用

（1）直流电机电源由交流电源变换而来，开启直流电机电源，必须先完成开启交流电源。"直流电机电源"的"励磁电源"开关位于控制屏左下方，"电枢电源"开关位于右下方。开启电源前，都需在关断的位置，电枢电源调节旋钮需逆时针旋转到底。接通"励磁电源"开关，可获得 220V、0.5A 不可调的直流电压输出。接通"电枢电源"开关，调节控制屏上直流电枢电源电压调节旋钮，可获得 40～250V、3A 连续可调的直流电压输出。励磁电源电压及电枢电源电压都可由控制屏下方的一只直流电压表指示。通过电压表下方的"指示切换"开关显示需要调节的电压大小。开机时遵循先励磁输出后电枢输出的原则；关机时遵循先关"电枢电源"后关"励磁电源"的次序。在电路上两电源可独立使用。实验完毕，应将"直流电机电源"的"电枢电源"开关及"励磁电源"开关拨回到关断位置，并将"电枢电源"调节旋钮逆时针转到低。

（2）直流仪表的使用：直流仪表是有源仪表，使用前先打开电源开关，根据被测回路的特点选择好量程和极性。挂件上常用的直流仪表有直流安培表、直流毫安表和直流电压表等。

三、智能转矩、转速、输出功率表的使用

DDSZ-1 型电机及电气技术实验装置采用的是校正过的直流测功机，是测功机在不同励磁电流（I_f）下的一束 $T=f(I_L)$ 曲线。因此使用前必须将测功机的输出电流 I_L 通过专用的"测功机电源信号输入线"串接在 D55-3 挂件中。厂家供用户使用的测功机励磁电流（I_f）只有 100mA 与 50mA 两条。因此在测试过程中应该调节励磁回路中的调节电阻，严格保持测功机励磁电流（100mA 或 50mA）不变。使用步骤：打开电源开关→复位→转速窗口显示 2→按功能键→显示 100mA？或 50mA？→用户可用位/＋键作肯定回答或用位/－键作否定回答→三个窗口分别显示输出转矩（Nm）、转速（r/min）以及输出功率（W）。

四、校正过的直流测功机的使用

校正过的直流测功机实际上是一台直流电机，它既可以作为直流电动机使用，也可以作为直流发电机使用。

（1）作直流电动机使用时，其接线如附图 A-1 所示。

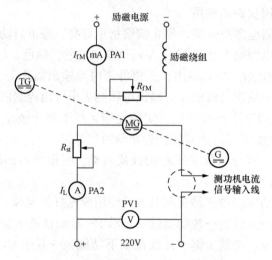

附图 A-1 校正过的直流测功机作直流电动机使用时的接线图

MG—校正过的直流测功机；G—直流发电机；TG—测速发电机；R_{fM}—励磁调节电阻选用 D44（1800Ω）；R_{st}—电枢调节电阻选用 D44（180Ω）；PA1—直流毫安表；PA2— 直流安培表

（2）作直流发电机使用时，其接线如附图 A-2 所示。

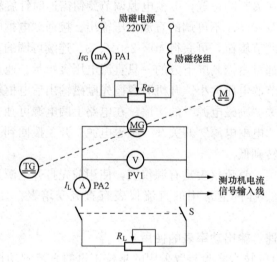

附图 A-2 校正过的直流测功机作直流发电机使用时的接线图

MG—校正过的直流测功机；M—直流电动机；TG—测速发电机；R_{fG}—励磁调节电阻选用 D42（1800Ω）；R_L—负载电阻选用 D42（2250Ω）；PA1—直流毫安表；PA2—直流安培表；PV1—直流电压表

五、DDSZ-1 型电机及电气技术实验装置受试电机铭牌数据

DDSZ-1 型电机及电气技术实验装置受试电机铭牌数据见附表 A-1。

附表 A - 1　　　DDSZ-1 型电机及电气技术实验装置受试电机铭牌数据一览表

序号	编号	名　　称	P_N (W)	U_N (V)	I_N (A)	n_N (r/min)	U_fN (V)	I_fN (A)	绝缘 等级	备注
1	DJ11	三相组式变压器	230/230	380/95	0.35/1.4					Y／Y
2	DJ12	三相芯式变压器	152/152/152	220/63.6/55	0.4/1.38/1.6					Y／△／Y
3	DJ13	直流复励发电机	100	200	0.5	1600			E	
4	DJ14	直流串励电动机	120	220	0.8	1400			E	
5	DJ15	直流并励电动机	185	220	1.2	1600	220	<0.16	E	
6	DJ16	三相鼠笼式异步电动机	100	220(d)	0.5	1420			E	
7	DJ17	三相绕线式异步电动机	120	220(Y)	0.6	1380			E	
8	DJ18	三相同步发电机	170	220(Y)	0.45	1500	14	1.2	E	
9	DJ18	三相同步电动机	90	220(Y)	0.35	1500	10	0.8	E	
10	DJ19	单相电容启动电动机	90	220	1.45	1400			E	$C=35\mu F$
11	DJ20	单相电容运行电动机	120	220	1.0	1420			E	$C=4\mu F$
12	DJ21	单相电阻启动电动机	90	220	1.45	1400			E	
13	DJ23	校正直流测功机	355	220	2.2	1500	220	<0.16	E	
14	WDJ24	三相鼠笼式异步电动机	60	380(Y)	0.35	1430			E	
15	DJ25	直流他励电动机	80	220	0.5	1500	220	<0.13	E	
16	DJ26	三相鼠笼式异步电动机	180	380(d)	1.12	1430			E	

附录 B　THHDZ-3 电机综合实验装置说明

一、交流电源和交流仪表的使用

（1）实验开始，开启"电源总开关"，"停止"按钮指示灯亮。按下"启动"按钮，"启动"按钮指示灯亮。此时的三相交流电源输入插孔 U1、V1、W1（黄色、绿色、红色）及 N1（黑色）端有固定线电压 380V、相电压 220V 输出。三相可调电源输出插孔 U、V、W（黄色、绿色、红色）及 N（黑色）上可输出交流线、相电压，其大小可通过调节控制屏桌面板左端安装的三相交流调压器旋钮而获得，电压为 0～450V 连续可调。实验完毕，按下"停止"按钮，关断"电源总开关"，并将控制屏桌面板左端安装的三相交流调压器旋钮逆时针转到底。

（2）交流电压（流）表均为数模双显交流表。根据被测数值的大小选择量程。

（3）单/三相智能交流功率表、功率因数表：由两个单相功率表，功率因数表 P1、P2 和一个对两功率表求和的功率表 P 组成。P1、P2 功能完全相同，可单独使用。可测量负载的有功功率、无功功率、负载性质及频率，还可存储 15 组功率和功率因数的测试结果，并可逐组查询。

1）"功能"键：用于选择所需功能，每按一下，仪表会依次显示：P（功率）、COS（功率因数）、F（频率）、SAVE（存储）、DISP（查询）符号。

2）"数位"键、"数据"键：调试用，用户不必使用。

3）"确认"键：用于确认所选择的功能。

4）"复位"键：因任何原因导致仪表死机，可用此键使仪表恢复到功率测量状态。

二、直流电源和直流仪表的使用

直流电源是由交流电源变换而来，开启"直流电机电源"、"同步机励磁电源"，必须先完成开启交流电源，即开启"电源总开关"并按下"启动"按钮。

（1）励磁电源：接通"励磁电源"开关，调节励磁电源调节旋钮，可获得 0～250V、3A 可调的直流电压输出。再接通"电枢电源"开关，调节桌面板上的直流电枢电源电压调节旋钮，可获得 0～250V、20A 可调的直流电压输出。励磁电源电压及电枢电源电压由一只数字直流电压表指示，由该电压表下方的"指示切换"开关进行显示切换。开机时，先励磁电源输出，后电枢电源输出；关机时，先关"电枢电源"，后关"励磁电源"。在电路上两电源可独立使用。

（2）同步机励磁电源：接通"同步机励磁电源"开关，调节"同步机励磁电源调节"旋钮，可获得 0～100V、4A 可调的直流电压输出。

实验完毕，应将"直流电机电源"的"电枢电源"开关、"励磁电源"开关及"同步机励磁电源"开关拨回到关断位置，同时将各直流电源的调节旋钮逆时针旋到底。

（3）直流仪表：均为数模双显直流表。根据被测回路的特点选择量程和极性。接线柱红为"＋"、黑为"－"。

三、THHDZ-3 型大功率电机综合实验装置受试电机铭牌数据

THHDZ-3 型大功率电机综合实验装置受试电机铭牌数据见附表 B-1。

附表 B-1　　　　　THHDZ-3 型大功率电机综合实验装置受试电机铭牌数据一览表

序号	编号	名　称	P_N (kW)	U_N (V)	I_N (A)	n_N (r/min)	U_{fN} (V)	I_{fN} (A)	绝缘等级	备注
1	DJ12A	三相芯式变压器	1.2/1.2	220/198/110	1.82/1.82/3.64				B	Y/Y
2	Z2-32	直流并励电动机	2.2	220	12.35	1500	220	0.53	B	
3	ZF2-32	直流他励发电机	1.9	230	8.3	1450	220	0.74	B	
4	Y100L-4	三相鼠笼式异步电动机	2.2	380(Y)	5	1430			B	
5	STC-2	三相同步电机	2.0	400(Y)	3.5	1500		2	B	

参 考 文 献

［1］辜承林，陈乔夫，熊永前. 电机学. 3 版. 武汉：华中科技大学出版社，2010.

［2］李发海，王岩. 电机与拖动基础. 3 版. 北京：清华大学出版社，2006.

［3］周顺荣. 电机学. 北京：科学出版社，2002.

［4］刘启新. 电机与拖动基础. 2 版. 北京：中国电力出版社，2007.

［5］郑治同. 电机实验. 2 版. 北京：机械工业出版社，1992.

［6］杜世俊，唐海源，张晓江. 电机及拖动基础实验. 北京：机械工业出版社，2006.

［7］章玮，白亚男. 电机学. 电机与拖动实验教程. 杭州：浙江大学出版社，2006.

［8］冯雍明. 电机的工业实验. 北京：机械工业出版社，1990.

［9］王益全. 电机测试技术. 北京：科学出版社，2004.

［10］付家才. 电机实验与实践. 北京：高等教育出版社，2004.

［11］中国标准出版社. 旋转电机标准汇编. 北京：中国标准出版社，2002.

［12］才家刚. 电机实验技术与设备手册. 北京：机械工业出版社，2004.

［13］电机工程手册编辑委员会. 电机工程手册：第 3 卷. 电机卷. 2 版. 北京：机械工业出版社，1996.

［14］张松林. 电机及拖动基础习题集与实验指导书. 北京：机械工业出版社，1998.

［15］周腊吾，杨德志. 电机及拖动基础实验指导. 长沙：湖南大学出版社，2010.